U0920397

RISK WISE

the everyday adventures

冒险的智慧

在不确定的未来，保持自己的竞争优势

[英] 波莉 · 莫兰（Polly Morland） 著　　刘勇军 译

重庆出版集团　重庆出版社

目录 Contents

前言

我们还有“做点什么”的勇气吗?

我本想以大胆的乌托邦式愿景作为开篇，构建一个没有风险的世界、一个无忧无虑的理想黄金国，在那里，我们所珍爱的一切都不会面临任何岌岌可危的状况，而是悬浮在无限完美的安全泡沫之中。这会让欣喜若狂的读者联想到较精彩的科幻小说或者可能是备受20世纪末女学者喜爱的某个出色的思想实验。有了这个精巧的构想，然后就可以对现代社会的风险进行适时有序的思考。

这若行得通，那可就棒极了。

但是，乌托邦很快就走向反乌托邦[1]，然后就陷入无序状态，这不是因为作家不称职，而是因为将风险观从人类生活的各种可能的形式中剔除，这简直是不可能的事情。请读者们尽管尝试，祝你们好运，但不要指望能够顺利实现。

更何况，我们会被警告说：人终有一死，对任何执意幻想世界上没有风险的人来说，死亡都是个很大的障碍，而且我们当前日常生活中存在的一般风险也是个棘手的问题。这是因为，我们无法预知将要发生什么。风险本身究竟是什么，这也是我们所关心的。

然而，近年来，社会上存在着一种奇怪现象。在发达的社会中，我们遭遇了各种各样的危险，所以失去了勇气。或者至少我们认为我们失去了勇气，因此也可能就真的会失去勇气。我们想起上一代人，他们遭遇了太多艰难困苦，坚强勇敢的人们被灾难

1　反乌托邦，又译作“反靠乌托邦”、“敌托邦”、“废托邦”或“坎坷邦”。与乌托邦相对，指充满丑恶与不幸之地。这种社会表面上充满和平，但内在却充斥着无法控制的各种弊病，如阶级矛盾、资源紧缺、犯罪、迫害等，刻画出一个令人绝望的未来。——译者注

和失望愈挫愈勇，完全承受着这一切。我们怀念过去那些人的适应力，尽管在某种程度上说，我们创造出了所谓的适应力来迎合我们的故事，这意味着我们不是透过风险这面棱镜来观察他们的痛苦与欢乐。而相反，长着青春痘的伤心少年认为他们的痛苦要更胜往昔，所以在现代世界，我们自认为在承受着风险，从而对风险的体验就格外强烈。此外，因为主张个人权力崇拜的世俗社会取代了上帝的恩赐，我们透过一张风险与保障的平衡表来解读整个一生，所以当出了什么问题，那么不可避免地，我们就会条件反射地搜寻早先就该预见整件事情的那个人（这被称作事后聪明偏差[1]，马后炮）。

问题的关键就在于：在某种意义上，我们强烈追求安全性，这固然不错，无可厚非，但如果不加以控制，就会滋长摒除所有潜在致命风险的错觉性热情，

1　事后聪明偏差是指后见判断（可得益于事件结果反馈的判断）与先见判断（不知晓事件结果时的判断）的系统差异，一种“我从一开始就知道”的现象。用通俗的说法就是事后诸葛亮或马后炮。——译者注

将不确定性的中立观点与危险的负面含义混为一谈。当然，词典会告诉你，“危险”和“风险”虽然意思相近，但不要犯傻，它们不是一回事。本书要做的一件事情就是纠正这种错误观念。

如果我们只是将风险观念与飞机撞击摩天大楼、看着股票暴跌的银行家瘫坐在桌前、孤单的北极熊在日益缩小的冰山上摇摇欲坠的电视画面联系在一起，那么情况会怎么样呢？如果我们认为风险有时候反而是好事，那会怎么样呢？私下里说说就好，因为你心知肚明，我们每个人每天都在冒上千个或大或小的风险。当你过马路、上火车、爬山、匆匆下楼、发表意见、说善意的谎言、给吐司涂黄油、喝啤酒、做祷告、度假、找份工作、求个亲吻、愤怒甩门、买个房子、买本书、道个别或者问个好，每种行为都包含着一些基本的风险因子。那么，时间是否最终会证明这个事实？

用洞察风险的眼睛细细品读一遍古希腊伦理学作品，你很快会发现，大部分都涉及对风险基本要素的思索：人类的生活对或好或坏的物质的依赖有多大，而这种物质却是人类无法掌控的，以及智者是如何合理地驾驭这一事实的。特别是亚里士多德耗尽一生去梳理一些思想，即在世界上，唯有打破现状，迎难而上，才活得有意义，才是好的生活。诚然，亚里士多德伦理学的核心思想是“中庸之道”：每种美德都是两种极端行为的中和之道，所以勇气介于鲁莽和懦弱之间，慷慨介于奢侈和吝啬之间，谦逊介于羞怯和无耻之间，等等。

当然，冒险也是如此。亚里士多德早在两千多年前就提到这一点，冒险无度，就不是美德。然而，本书并不打算借用这位哲学家的范例。没有风险的世界是无法想象的，过度谨慎和盲目冒险都是不可取的，那么试想一下：冒险的中庸之道是什么？冒险智慧的最有效点在哪里？

需要指出的是，很显然，有些人已经知道或学会了用智慧和丰富多样的方式来面对风险，有些人具备了冒险的智慧。这是一本属于他们的书，记录了他们的所感所想，以及我们能否也掌握冒险的智慧。用随处可见的聪明的冒险者的话说，为什么不试试与风险共处呢？

第一章

游戏冒险场

提供游戏的机会，让孩子了解风险

提供游戏机会的目的不是要减少风险，而是要增加风险和收益。

一个身穿粉红背心裙的小女孩正在把一根十厘米左右的钉子砸进木板里。她脚蹬黑色校鞋，没穿袜子，正全神贯注地吃力地钉着。女孩儿用脏兮兮的拇指和其他四个手指紧紧握着钉子的钢杆，而木板抵着一小段喷涂有少量波纹线的混凝土排水管，晃来晃去。她手中橡胶柄的锤子是从 DIY 商店买来的。锤子在冲力之下堪堪从小女孩的拇指边擦过。她做了个鬼脸，将拇指缩进手掌里。片刻过后，她又开始卖力地敲打起来，直到亮闪闪的钉子尖从木板另一面冒出来。

“我在忙着呢。”她头也没抬地说道，顺便用脚将地板上锈迹斑斑的锯子勾起来。

一对堂兄弟从一个烧焦的火坑旁走了过去，几个孩子头天刚刚在那里玩过火。两人争先恐后地爬上一堆巨大的、蜂窝状的木托盘的顶端，依次从最高的地方跳到一艘用玻璃钢做成的旧船船头。在阳光下，他们的脚在纵身一跃中腾空了几秒钟，在哇哇大叫声中落了地，听起来很像远处传来的爆炸声。

“你会被弹起来的。”一个对另一个嚷嚷道。

这艘被当作缓冲垫的船看起来并不安全，但似乎很好玩。事实上，这么做很有意思，你或许会想着他们肯不肯让你也一试身手。

离这儿不远处有一条小溪。小溪里塞满了垃圾，有很多轮胎、一只红鞋子、一个工业电缆线卷、一些灰色的泡沫衬垫和一张没有了坐垫的旧金属校园椅。小溪两侧长着高大的乔木，一个女孩和一个男孩正赤脚攀爬。

“妈妈知道我出来玩了吗？”一个孩子问道。

“我不知道。”那个孩子答道，他们边说边继续向上爬。

***

北威尔士雷克瑟姆郡南部有一个叫普拉斯·马

多克的居民区。它排在威尔士复合剥夺指数[1]最高的10%之列。那里的中心地带有一座灰蒙蒙的社区建筑。在建筑后面的一条小巷子里，垃圾场花衣魔笛手这样的角色比比皆是。附近的人管普拉斯·马多克叫迈克·马多克或纸板屋棚户区，这可谓事出有因。自从20世纪60年代那座建筑物被建起来以后，当地的孩子们就在这片大约6亩的荒地玩耍。一条小溪将这里一分为二。小溪夏天枯竭变小，冬天会涌出水来。尽管炎炎夏日里它不过是一个小小的水坑，但据说很多年前，在那栋建筑物还没建起来时，曾经有一个孩子溺亡在那里。当地人都还记得，当他们还是孩子时，母亲曾对他们说："你有没有下到那条小溪里去？"他们总是摇摇头，撒谎道："没有，绝对没去。"

但是，普拉斯·马多克的孩子们喜欢在那些房子

1 "剥夺"是一个描述资源分配阶级或阶层间不公平的概念，也是解释城市贫困或弱势群体问题的一个重要概念。2000年，英国地区环境运输部提出了复合剥夺指数法（IMD），用37个指标来衡量剥夺水平。——译者注

之间高低不平的空地上玩耍。这是他们的地盘，是“属于他们的空间”。他们把这里简称为“领土”。附近的人也只知道这一个名字。

近年来，人们都觉得孩子在没有大人看管的情况下，在这种脏乱恶劣环境中玩耍十分危险，因为很容易擦伤和碰伤。我们得知，这一代孩子被关在屋里，是为了制度性规避风险，也源于父母错误的教养方式，以及社会凝聚力越来越差。有些告诫都是老生常谈了，比如眨眼工夫孩子就会消失在你眼皮底下，对陌生人危险的困扰，对事故的恐惧，对反社会行为的过分忧虑等普遍的担心，但来自智囊机构的专家和心理学家则发出警告称，“剥夺孩子们的游戏”是要付出代价的。布莱恩·萨顿－史密斯是一位杰出的游戏心理学家，他认为:“玩的对立面不是工作，而是抑郁。”他提出，在最基本的进化层面，我们的情感生存岌岌可危。如果过于小心谨慎，过分剥夺孩子们玩耍的时间、空间和许可——这里的玩耍是指大人不做干涉，任由他们自由玩耍——那么到了未来，社会将为之付出代价。这些人将变得性格孤僻、行为异常、易怒甚至暴力。事实上，如果真到了那一天，相对于安全来说，或许我们更希望没有留下遗憾。

2012年，就连健康与安全部门的人员也加入到这场讨论当中。他们主张："提供游戏机会的目的不是要减少风险，而是要增加风险和收益。孩子若是被娇生惯养，就无法了解风险。"

威尔士议会政府提出了所谓的《充分发挥游戏的责任》（*Play Sufficiency Duty*），尽管这个标题听起来毫无激情，却使所有孩子有机会按照自己的方式游戏，或者至少按照应该属于他们的方式玩乐。在普拉斯·马多克这个案例中，部分反贫困基金被用来资助孩子们进行自由玩耍。"领土"意味着一种全新的主权生活，尽管现在那里破败不堪，用一个当地人的话来说，是"人们不知在那干了什么"。

2011年10月，那块地围起了栅栏。栅栏上有很多有趣的涂鸦，还有一群受雇的游戏工作人员。先前乱糟糟的场面、碎玻璃和针头都消失了，取而代之的是不会对人造成伤害的废品杂物。有人将从一元商店买来的锤子和锯子带过来，用起重机运来两个运输集装箱，一个当作储藏室，一个当作游乐场经理办公室。翌年2月，“领土”变成了普拉斯·马多克私有的垃圾游乐场：那里没有秋千或攀登架，里面的东西很破旧，散落在四周，连孩子们喜欢的可爱的卡通玩具也没有，随着时间的推移，只有一堆堆更新换代的废品，就像撒哈拉沙漠的沙丘一样。

克莱尔·格利菲斯出生在普拉斯·马多克，并在那里长大。她是“领土”的管理者，甚至可以说是这片混乱乐土的建筑师。她坐在运输集装箱里的一张破旧的办公椅上。那个集装箱就是她的办公室。她微微晃动着身子，似乎一心只想出去玩。她解释了那个地方的运转方式：那里本来应该杂乱无章，但实际上并非如此，每当“领土”打开大门，她和她的同事就高度紧张，用她的话说，他们“徘徊观望”，假装在忙其他事情，其实随时都在注意孩子们的一举一动。他们提前将真正危害性很大的东西搬走，但保留一些有风险的东西。这个团队对两百个左右登记过的男孩女孩有着充分的了解，他们来这里各玩各的。这里的规定少之又少（事实上，其中一条就是“不要燃烧塑料”，这一条可能会让你对这些规定有个大概印象）；那里总是有三个游戏工作人员在场，但他们很少干预，任凭孩子们擦伤膝盖、锤到拇指、烧着眉毛、被困在树上、吵架和犯错误，如果按照常理，大人大都会对这种事进行干预。

“要是去其他游乐场，”克莱尔说，“所有一切都是规定好的，我知道，那样的场所并不是我所希望的。我认为这些孩子们可以自由玩耍，尽管从美观角度来看，他们搞得乱七八糟，令人不爽，但在这里，我并不想用大人的秩序感来束缚他们，要求一切都干干净净、整整齐齐。这里不是一尘不染的，保持着原生态。这就是我所认为的最大的风险。孩子们会遭遇危险吗？他们想做些什么，但秋千在哪里？滑梯在哪里？不过他们不会有危险。”她顿了顿，朝着游乐场的门口瞥了一眼，“家长们明白了，就会喜欢，很快就会让孩子们来了。”

克莱尔在雷克瑟姆郡议会的同事迈克来访，他在集装箱里另一张破旧办公椅上坐了下来。如果说克莱尔是“领土”的建筑师，那么迈克就可以算是工程师了。如果你说，其他游乐场里都是一些不会让孩子掉下来的翻斗秋千、海绵安全地面和漆上原色的跷跷板，他会摇摇头，然后反问道："那算是真的在玩吗？"他负责为"领土"编写了百科全书厚度的"风险管理政策"，该"政策"指出，当人们做他和克莱尔所做的事情时，就会习惯于"非常仔细地进行检查"。他说得很委婉。在他一番精心准备的说辞下，我得知，在"领土"上，每个危险都有其良性替代品，明显有益无害。他滔滔不绝地讲述了自己的研究，包括危险如何教会孩子们控制情绪，共同的危险体验如何使人们形成强大的社会纽带，我们的应激反应系统是如何形成的，认知和行为灵活性之间的协调是如何为这些孩子的成年生活服务的，这些游戏使他们变得有能力，适应力强，我甚至敢说，他们更快乐了。

这场谈话的核心有一层最为微妙的理解——许多心理学家或政治理论家也会发现这一点——那就是，刚开始很难确定风险是不是真的存在，而这种充满不确定性的人际关系非常有吸引力，而且至关重要。

“我觉得，造成危险的原因在于孩子们的玩耍方式。”迈克说，“如果你所谓的风险是指不确定性，那么游戏几乎总是存在着不确定性，因为你永远不知道接下来会发生什么。”

“问题就在于，”克莱尔说，“你相信这些孩子，你不认为他们没有能力或者干不成事，他们就可以到这里来，可以进行尝试，可以失败，而且不会被人判断、评价或告知该怎么做。他们只能靠自己解决问题。对于孩子们来说，能够犯错并‘生存下来’，”克莱尔耸耸肩，笑着说，“这很重要。”

“一切都是不确定的。”迈克说，“也正是这一点，‘领土’才成了一个最佳的游戏之地。”

***

15世纪初，对于一名名气不小的教廷小官僚佛罗伦萨人波吉奥来说，平时是一名使徒大臣，业余时间却有着时下盛行于学者之间的嗜好：“猎书”，他满怀激情寻遍欧洲中世纪的修道院图书馆，到处搜寻拉丁美洲作家那些被遗忘已久的手稿。他擅长发掘，无论是昆体良[1]有关修辞学方面的十二卷大部头著作，还是维特鲁威[2]的《建筑十书》全套，或者西塞罗的若干不为人所知的演说致辞以及其他各种各样的古典残篇，他复制了所有这些书，并在知识分子中进行传播。而在1417年冬天的一个早晨，在德国一个不知名的修道院图书馆里，波吉奥获得了此生最伟大的发现：他发现了公元前1世纪伊壁鸠鲁学派哲学家提图斯·卢克莱修·卡鲁斯[3]失传已久的完整版手稿的复制品，也就是《物性论》，里面的观点将改变世界。

《物性论》约有7500行，当然，它并非一次性阅读的海滩读物。相反，里面充满了异常丰富、卓有远见

---

1 昆体良（Marcus Fabius Quintilianus，约35—约100年）古罗马时期的著名律师、教育家和皇室委任的第一个修辞学教授，也是1世纪罗马最有成就的教育家。——译者注

2 维特鲁威（Vitruvius）是公元前1世纪一位罗马工程师的姓氏，他的全名叫马可·维特鲁威（Marcus Vitruvius Pollio）。古罗马御用工程师、建筑师，约公元前50年到前26年间在军中服役。《建筑十书》（*De Architecture*）可能创作于奥古斯都统治时期。——译者注

3 提图斯·卢克莱修·卡鲁斯（Titus Lucretius Carus，约前99—约前55年），罗马共和国末期的诗人和哲学家，以哲理长诗《物性论》（*De Rerum Natura*）著称于世。——译者注

的观点。这部诗作被有创新精神的波吉奥进行了修复，它启发了莎士比亚、蒙田[1]和牛顿，甚至后来的达尔文、爱因斯坦和海森堡的思想在诗作中也能觅得踪影。书里充满了对宇宙的大胆猜测，认为宇宙并不是受命运或神的支配，而是由无穷小的粒子、原子和“万物的种子”的运动来决定的。此外——这也是卢克莱修最重要的观点——他认为原子世界受到被称作“原子偏斜运动”的支配，这是一种偏离。这种偏离很轻微，纯属偶然，但出乎意料，具有随机性，是从可预测和有规律的运动中偏离出去的。无论是原子层面还是人类层面，正是这种运动导致了机会的产生，导致了贯穿人类一生的最根本的不可预测性。卢克莱修的“偏离”观点正是“风险”的源泉所在。

这位诗人还建议，人类应该用一种安之若素的方式生活在这个充满偏离的世界，在这些抚慰人心的观

1 蒙田（1533—1592），法国文艺复兴后期、16世纪人文主义思想家。主要作品有《蒙田随笔全集》《蒙田意大利之旅》《热爱生命》等。他是启蒙运动以前法国的一位知识权威和批评家，是一位人类感情的冷峻的观察家，亦是对各民族文化，特别是西方文化进行冷静研究的学者。——译者注

点中，其中一条就是启示人类努力克服风险思想。卢克莱修指出了如何面对这些基本的不可预测性，如何“废除命运的判决”，如何预先阻止“无休止的因果链”。他提出，这种不确定性是自由意志和创造力的生命线。如果我们只能教会自己顺其自然，这可能就是我们获得自由的基础。

***

“你觉得我能做到吗？”一个身穿红色T恤的小男孩问道，他站在克莱尔“领土”办公室的门口，眯着眼睛看着一些年龄稍大的孩子们在阳光下爬到集装箱顶部，依次往下跳。

“只有你能回答这个问题，伙计。”附近的一名游戏工作人员正用耙子从泥土里耙碎石子。

“不会有事的。”那个刚刚跳到塑胶垫子上的男孩儿喊道。

一个身材瘦高、手握锤子的男孩儿从集装箱上往下看。可能是因为不想拿着锤子往下跳，他把锤子从上面扔了下来。锤子飞过空中，落到距离那个棕色卷发女孩三四厘米的地面上，她刚刚弯下腰去

（正好背对着身子）系运动鞋的鞋带。大家的眼睛眨都没眨。

那对堂兄弟从下午开始就乐此不疲地往旧船上跳，这会儿，我和他们聊了起来。年长的说他叫詹姆斯·格林希尔茨，今年九岁。

“我一周来玩几次，”他说着用手背擦去鼻子上的脏东西，“有时候我很喜欢待在这里。我用木头和钉子钉一些东西。还会用到像锯子这样的东西。有时候也会遇到一点儿小危险，比如我不知道有个钉子在那里，跳下去时脚上被扎了个大洞。”

“别忘了还有锯子。”他的堂弟补充道。

“这是布兰登。是的，有一回我用锯子锯到了手？”

布兰登点了点头。

“我所做的就是像那样从上面跳下来，我喜欢那样玩。”詹姆斯指着一个建在一棵树旁边的两层临时建筑说，那里有板子、木托盘、两个油桶和一把旧梯子，“你站到上面会觉得很吓人，但我会想：‘这样做安全吗？我能不能妥妥地跳下去？’如果不能，那么，好的，我就不会那么做。就像我之前跳到船上去一样，我觉得我能做到。”詹姆斯突然转移了话题，“但是今年夏天，我想去爬那棵树，”他用手一指，“就是那棵。因为那上面没有多少树枝，所以爬起来会很费劲儿。”

他默默地看了一会儿那棵树，然后指着韦恩说：“这是我爸爸。”说完就跑开了，将小小的身体挤进茶树前那架用脏兮兮的绳索架在小溪上的秋千里。

韦恩是詹姆斯的继父。他说，他一个人把詹姆斯和他自己的儿子，也就是詹姆斯的弟弟泰勒抚养长大，四年前，他与詹姆斯的母亲就孩子的抚养权进行了一场漫长的争夺战，双方闹得很不愉快。

“因为我是以这种方式获得抚养权的，”他说，“刚开始，孩子们不能随时跟在我身边，我就很害怕，所以不允许他们出去玩。我甚至不允许他们到花园里去，如果有人敲门，我就叫他们不要理睬，不要开门，不要往窗户外面看。”韦恩瞥了一眼詹姆斯，后者正在模仿人猿泰山，在小溪上方用力荡秋千，“现在想想那时候的做法，真是不堪回首。我想包揽所有的危险，让孩子们安全，但从长远来看，我的决定危险得可怕。所以让他们到这里来是一个艰难的决定。我不知道‘领土’是什么，也不知道这里是怎样一个地方。到这里看过以后，我理解了，通过玩耍，在生活中多经历一些危险，可以学到更多东西，使孩子们变得更好。在‘领土’玩，詹姆斯觉得很舒服，很自在。这里真的就像天堂。这里给了他自由。”

韦恩低下头，踢了踢地板上的糖纸。然后，他抬起头来，再次说道：“自由。”

第二章

火山下的科学

生活在火山口下，他们怎么面对风险

从生命中获得极致的圆满和喜悦的秘密就是——生活在险境当中！

意大利佛罗伦萨人波吉奥也许并不知道，卢克莱修赞颂多变世界的伟大诗作《物性论》，并非只残存于1417年冬天发现的9世纪版本[1]中。

波吉奥去世500多年后，在20世纪80年代末，一卷莎草纸卷吸引了学者们的注意力。这样的莎草纸约有2000卷，是从一位罗马富豪的私人图书馆里挖掘出来的。公元79年，维苏威火山爆发，从此，这位富豪在度假胜地赫库兰尼姆地的精美别墅淡出人们的视线。屋内的莎草纸卷也已炭化结块，被埋没在30

1 1417年，在德国南部福尔达的本笃会修道院里，来自意大利的书商波焦·布拉乔利尼发现了一份《物性论》的珍贵的9世纪抄本。——译者注米厚的火山碎片之下，从而得以保存。18世纪中叶，纸卷被发掘出来，这座别墅也因其得名曰“莎草纸别墅”。然而足足过了两个世纪，相应的技术才足够成熟，纸卷才被完好无损地展开，研究人员使用最先进的扫描设备将纸卷的具体内容识别出来。

经识别发现，这个图书馆收藏了大量的伊壁鸠鲁的哲学典籍，然而令人难以置信的是，里面竟然还掺杂了卢克莱修失传已久的《物性论》的片段。这样一部号召人性顺应和接受万物之变的书籍竟然埋没在最为轰轰烈烈的天灾之中，如此巧合，令人称奇。

***

朱塞佩·马斯特罗洛伦佐[1]说，他已经习惯于谈论维苏威火山。他阅读的书籍、思考的问题、写下的文字、观察和拍摄的对象都与维苏威火山有关，他攀登，测量，嗅闻，触摸，与人们谈论，甚至梦里都是这座火山。他既没有精力，也没有工夫去感到害怕。

1　朱塞佩·马斯特罗洛伦佐（Giuseppe Mastrolorenzo）是那不勒斯市维苏威观测台的火山学家。——译者注

而这并不是说，火山不可怕。

“如果从科学角度恰当地说，我可能已经被火山感染了。”他说，“因为我在研究火山时丝毫不觉得害怕。我考虑的只是地质证据。当然，这与直接目击灾难的发生是不一样的，这我知道，但我不知道我这辈子什么时候会看到，如果此生有机会，我希望能亲眼看到维苏威火山的爆发。”他耸耸肩，低头看着脚下的砾岩质火山碎屑。“我真不知道。”他说着，抬头笑了笑。

朱塞佩是世界上最早的火山观测站——维苏威火山观测站的火山学家，他花了30多年来研究那座摧毁了庞贝和赫库兰尼姆的火山，如今它耸立在那不勒斯城。朱塞佩站在火山口（系维苏威火山1944年最后一次爆发形成）内的岩脊上，距离被石头墙包围起来的锯齿状边缘只有几米远，火山口内是铅灰色的岩石，但他看起来十分自在。青苔覆盖的银白色的峭壁裂缝中“嘶嘶”地散发着硫黄的气息，就像某种糟糕的蒸汽浴。而高高的上方，变得十分渺小的几个游客带着照相机，背着双肩包正在俯视着深渊，在天空中

云的映衬下就像屋顶上停歇着的许多椋鸟。这个火山口是公认的地狱边缘，朱塞佩从那里走回来，开始解释为什么“维苏威火山是世界上最危险的火山”。

一方面，显而易见，那是因为那不勒斯老城的中心距离这里大约15公里，火山坡周围的城镇非常密集。此外，人们似乎忘记了由来已久的危险。也就是说，我们都有这样一种倾向，只有最容易想起的危险才会引起我们的重视，潜意识里才会把它视作危险。20世纪70年代，丹尼尔·卡内曼（Daniel Kahneman，《思考，快与慢》的作者）和阿莫斯·特沃斯基（Amos Tversky）提出了著名的认知偏见概念，并定义了可得性启发法[1]。

“很难让普通人去接受，”朱塞佩说，“维苏威火山是最危险的火山，因为他们世世代代相安无事地生活在这里。和人的寿命相比，火山爆发的频率是很低的，但在地质时间中，火山爆发可谓非常频繁。一代代的人类完全忘记了它的危险性，但科学家和政府必须记住。”

显然，朱塞佩独自一人认真地承担起“记住”的责任。他一周要花一天时间去面对公众，接受采访，将他所掌握的关于维苏威火山的情况告诉大家。这天下午，来采访的是法国电视台的记者，在聊天时他用手机查了查节目录制时间。

朱塞佩过于强调火山风险的严重性，使得他在某些领域孤军奋战，没有朋友。

“我的科学生涯比较艰难。”他说，“我很难弄到科研经费。另一方面，一名科学家还要在风险和利

1 可得性启发法（availability heuristic）：在使用启发法进行判断时，人们往往会依赖最先想到的经验和信息，并认定这些容易知觉到或回想起的事件更常出现，以此作为判断的依据，这种判断方法被称为可得性启发法。——译者注

益之间做出艰难的折中，正如在拉奎拉地震[1]中的一样。”他指的是近期意大利7名自然灾害专家被控过失杀人罪一案。被控原因是他们在2009年拉奎拉地区6.3级地震前，只发出了被法官称作“模糊、一般且无效的”预告，导致309人丧生。

“这也是第一次，”这位火山学家说着，擦去眉毛上凝结的水珠，低头看着水珠说，“科学家因过于乐观而被定罪。他们进了监狱。所以这也是风险。”

但是，不管怎么说，朱塞佩可能不会立即冒这个风险。如果“明天”火山就爆发，会带来什么后果？他对这个问题进行了近乎残酷的详细解释。他说，维苏威火山很有可能会爆发，不仅火山中间会喷出漂亮的熔岩喷泉，而且所谓的“普林尼式火山喷发”[2]也是

1　2009年4月6日9时32分，意大利中部的拉奎拉发生6.3级强震，震中距首都罗马北部95公里，罗马震感明显。此次地震造成数百人死亡，多处房屋倒塌损毁，数万人无家可归。——译者注

2　普林尼式火山喷发，又名维苏威式喷发，是火山喷发的一种，其特征极像公元79年的维苏威火山喷发。老普林尼在此次喷发中葬身，小普林尼记录描述了喷发情况。普林尼式火山喷发特征是喷发出能喷射到平流层的火山气体及火山灰。——译者注

极度危险的。

公元79年，维苏威火山喷发，小普林尼的叔叔老普林尼在这次喷发中丧生，小普林尼记录和描述了喷发情况，后被命名为普林尼式火山喷发（还有它的小堂弟，次普林尼式火山），是最有影响力的火山喷发之一，将大量的石粉、浮岩和热气喷到35公里的高空中。普林尼在写给塔西佗的书信中，描述了“这种像意大利伞松（一种伞形针叶松，在维苏威火山周围浓密的小树林里可以见到）一样”的烟云。但是，在现代人眼里，普林尼式火山喷发带来的卷流看起来更像核爆炸。朱塞佩解释称，火山喷发完全是致命的。

火山喷发数小时甚至数天后，这种喷发柱开始轰然倒塌，炽热的气体和岩石滚滚落下，以高达700公里的时速向四面八方扩散，覆盖面非常大，所经之地，一切有感知的生物全部化为灰烬。正是这种所谓的火山碎屑流，淹没了庞贝和赫库兰尼姆的居民，如果再次喷发，也将同样淹没现在的火山区居民。朱塞佩写过很多文章，探讨了维苏威火山在青铜时代更具灾难性的喷发，当时的火山碎屑甚至喷射到现在那不勒斯的市中心位置。朱塞佩说，这是“最坏的情况”。如今，一旦发生类似的火山喷发，预计将有300万人丧生。

除了朱塞佩，喷火口附近还设有许多火山监测站，那里设有红外热像仪和气体传感器，但是，维苏威火山究竟什么时候喷发，有多猛烈，根本无从知晓。

“所有这些系统给人一种虚假的安全感，因为人们说，没关系，他们会提前预知一切。不，我们知道过去哪怕是一秒钟之前发生的事情，但关于未来，我们一无所知。此时此刻，”朱塞佩挥舞着手臂进行锻炼，“新的危险就会来临。”

阳光下，一片乌云拂过，天空响起“轰隆隆”的雷声，仿佛在对朱塞佩的观点做出呼应。他谈论了持续数日、数周或数月的地震，这正标志着“危险”的开端，接着，岩石的突起或新的露头[1]会出现，火山口释放出来的气体成分发生改变，然后地下巨大的岩浆房开始变薄、破裂。

这一切都足以使任何一个心思细腻的人希望离开

---

1 露头是岩层露出地表的部分。——译者注

可怕的火山口，一刻也不想耽误，但朱塞佩还没讲完。因为他在这里最想说的就是，意大利当局对此准备不足，上百万人的生命岌岌可危。

“多年来，我一直坚持呼吁民防部门的人修改应急计划，因为目前实行的应急计划过于乐观。”在这种情况下，“乐观”显然是一个贬义词。“但以我的经验，问题就在于科学家们倾向于在政府要求和事实证据之间寻找折中。但是，任何要求，只要——”他寻思着合适的词语，“——只要打了折扣，我都不予理睬。我的研究可以打折扣，但自然不会打折扣。”他苦笑起来。

朱塞佩在这里所提到的“折扣”是基于这样一个事实：目前的民防部门在对风险进行评估时，是根据严重程度较低的次普林尼火山喷发模式，而不是庞贝火山喷发的那种普林尼式。在此基础上，火山周围被划定为三个区域：红色区，围绕维苏威火山的火山锥周围，这片区域最容易受到火山碎屑流的侵害；黄色区，不易受到碎屑流侵害，但会受火山落尘的影响；蓝色区在山谷中，里面会发生山体滑坡。在朱塞佩和其他人的持续游说下，红色区于2013年得到扩大。如今，维苏威火山的红色区涵盖24个自治市，居住着25万人口，在火山喷发之前，这些人都必须撤离出去，不过情况还有待观察。几年前，政府提供了一小笔经费，资助人们搬离红色区，但很少有人接受这笔补助，撤离计划也就宣告失败。至于居住在黄色区和蓝色区的那200多万人，根据这项计划，他们需要观察火山喷发的情况，看看在盛行风的影响下，是否有撤离的必要。这项计划令朱塞佩十分恼火。

“在我看来，这么做是很荒谬的。”他说，“如果他们假设会发生次普林尼式火山喷发，他们应该声明：他们的假设并非以科学为依据，而是出于成本考虑。有人说，要让300万人撤离是不可能的，但其实并非如此。在理论上这说不过去。”

你会觉得，这样的争论将继续持续下去，但关键的问题是：红色区的普通居民这么做，究竟是不是疯了呢？

“不，事实上我不认为他们疯了。”朱塞佩说，“因为我觉得，如果你对火山的危险了解得足够准确，做好了撤离准备，那么民防部门可以安排良好的撤退计划。人们可以住在火山附近，但必须未雨绸缪。”

朱塞佩在去见法国电视台记者前，无意中透露了他所住的地方。与此同时，你会意识到，这种风险困境已经困扰了那不勒斯人几个世纪。

“我住在哪里？嗯，我住在目前被称作黄色区的地方，我认为那里应该也被划入红色区。所以根据我的研究，我想我住在了红色区。”朱塞佩咧嘴笑道，随后耸耸肩，便离开了。

***

驱车从火山口下来，驶入通往赫库兰尼姆的那条旧马路，山顶的纪念品小摊和小吃摊被郁郁葱葱的山坡所代替，极目望去，开阔的平原尽收眼底，太阳照耀着山下的城镇，留下斑驳光影，船舶航行在蓝色港湾里，留下一道道白色水波，也沐浴在日光之下。路旁，在旧熔岩流中生长的植物十分茂盛，街道喧嚣热闹，紧接着，一栋栋别墅和公寓大楼映入眼帘，这些楼房都带有观光露台。路旁，可以见到圣母玛利亚圣殿、意大利比萨店和一家野外俱乐部。时间不长，我们便进入了郊区。

这些地方的人是太过大胆，无视火山的危险性，还是反应迟钝，判断不清，但想想哲学家弗里德里希·尼采那番最为慷慨激昂的劝诫，他在1876年就爱上了这个地方。

在尼采32岁生日时，也就是维苏威火山爆发（1872年）约4年后，他携友来到那不勒斯湾索伦托，并在那里度过很长一段时间。也正是在那里，这位哲学家经历了精神上的蜕变（只能把它描述为一种蜕变），这跟风险这个主题有着密切关系。

尼采仿佛在一夜之间就摒弃了青年时代最崇拜的哲学家阿瑟·叔本华的悲观谨慎思想。叔本华认为，世界就是“地狱”，唯一能做的就是“找一间温暖的小屋”，然后，假设自己坐在里面。

但是，在索伦托，尼采的思想发生了转变。这是一场背离。几乎在一夜之间，他断定，危险是美好的，甚至是至关重要的。拥抱危险就是拥抱生命的全部，而不只是美好、舒适的那部分。他提出，这可以使你变得强大，使你能够活下去，真实地活下去，用一种快乐的方式，生生不息地重复下去。正如在电影《土拨鼠之日》[1]中的一样，世界出了故障，使你的生活无限循环下去，尼采把它称作“永恒轮回”。

“一定要相信我。”尼采大声疾呼（在他的著作中，他还大胆宣称上帝已死），“从生命中获得极致的圆满和喜悦的秘密就是——生活在险境当中！将你的城市建在维苏威火山的山坡上！将你的船驶入浩瀚无涯的海域！”

这听起来令人兴奋，但在现实世界中，智慧何在？我们很快就会到达浩瀚无涯的海域，但是，那些生活在险境当中的人们，住在维苏威火山山坡下的居民，他们应该怎么办呢？

***

1 《土拨鼠之日》（*Groundhog Day*）是一部美国影片。土拨鼠日是北美地区的一个传统节日。每年2月2日，美国和加拿大许多城市和村庄都会庆祝。根据传说，如果土拨鼠能看到它自己的影子，那么北美的冬天还有6个星期才会结束。如果它看不到影子，春天不久就会来临。在影片中，主人公菲儿报道完当地的土拨鼠日庆典后，第2天醒来时，意外地发现时间仍然停留在前一天土拨鼠日，昨日的一切重新上演。——译者注巴尔达萨雷和费利西亚结婚已有63个年头了。

“我们相爱时，她12岁，我14岁。我们还在上学。你能想象吗？”

巴尔达萨雷轻声笑起来，关节粗糙的手挥了挥，一个由弹性塑料包裹的精致的金戒指就套在他的手上。今年，巴尔达萨雷89岁，费利西亚87岁，他们这辈子都住在一个叫索马·韦苏维亚纳的小镇里，小镇位于火山北侧，距离火山口只有几公里远，就位于旧火山口边缘的正下方。

德·西蒙斯家族（巴尔达萨雷的家族）和因普罗塔斯家族（费利西亚的家族）世世代代都住在山上，依靠种植果树、养殖奶牛和采伐木材维持生计。他们的祖先从尼采来这儿度假的那个时候起就住在这里了，在这之前不久，如果查看日期，就会发现，他们经历了大约八到九次火山喷发。而维苏威火山最后一次爆发是在1944年，巴尔达萨雷夫妇当时20岁左右。

“火山每天都在喷发。”巴尔达萨雷说，“我还记得。轰隆，轰隆，轰隆！”他的声音在狭小昏暗的厨房里回响着。厨房里摆放着金属椅子和胶木餐桌，一边角落是陈旧的木材火炉，另一边是嗡嗡作响的电冰箱。冰箱上摆放着小电视机和一个装着小苹果的特百惠盒子。“当时浓烟滚滚，裹着土壤和农作物的滚烫雨水从浓烟中喷涌出来。”我们的果树都被“煮熟了”，葡萄藤也是。“然后，火山灰就来了。”

“我还记得，岩石和泥土如暴雨般降临。”费利西亚说，“我们用水桶罩住头部，来保护自己。你知道最可怕的是什么吗？我记得岩浆从维苏威火山流出来，我和我的朋友还跑过去看了。我们离得很近，只隔了100米。当时，杏树轰然倒下，瞬间起火燃烧起来。”

“但是谢天谢地，”她的丈夫补充道，“索马没有受到火山的袭击，三块巨大的岩石从火山口喷出来，有这座房子这么大。一块砸到了我们的田里，另外两块落到了那边。”巴尔达萨雷叹了口气，摇了摇头说，“是的，火山可从来不干好事。”

“我们兄弟姐妹有八个，我最年长。”费利西亚说，“孩子们到处乱跑。我们的父母只能听天由命。”她低头看了看钉在墙上的日历和圣母玛利亚怀抱头戴王冠的婴儿耶稣的画像。屋子一个角落还挂着银质念珠。

大家沉默了片刻。然后，巴尔达萨雷轻快地说："但我们从未想过要离开索马。我们有房子，有土地，事实上，我们喜欢这里。火山喷发后，我们曾经担心过一段时间，但随着时间的推移，这种感觉日渐消散。如今，他们在火山下又重新建起了餐馆。"他睁大了眼睛。

"现在我们住在这里，"费利西亚说，"如果火山爆发，我们也无能为力。这就是命运。"

"而且我认为，我们不是生活在危险中。"巴尔达萨雷说，"我们在这里出生，在这里长大。我们也将在这里终老。我从来都不害怕待在这里。我们有牲畜、土地和干净新鲜的空气。"巴尔达萨雷顿了顿，在寻找合适的词语，"我们还能打野兔。"

"我们得到了我们所需要的东西。"费利西亚平静地说，"感谢上帝。"她起身去擦桌子。就在此时，他们的邻居和朋友塞萨一家——母亲阿孙塔、父亲乔瓦尼和他们28岁的儿子朱塞佩来串门。有人从外面的果园端来一个锡纸盘，里面装满了水果，顶针大小的玻璃杯里盛满了白兰地酒，他举杯说：“面对那些希望我们遭遇不幸的人，让我们干杯！”

阿孙塔和乔瓦尼家族也世世代代住在索马。他们出生在1944年火山爆发之后，但都是听着火山故事长大的，当时他们的父母从田里跑过，头上罩着蒸煮锅，来避开滚烫的岩石，而有些房子在火山碎屑流的重压下不幸倒塌。然而，或许是因为没有亲身体验昔日火山喷发的威力，他们考虑得更多的是当前的危险。我们都靠维苏威火山生活。他们似乎是这个意思。

“在生活中，还有许多其他风险。”阿孙塔说着将小玻璃杯放在托盘上，“这可比生活在维苏威火山附近还要危险。我们无法控制火山，那是自然法则，我们无能为力。但我更怕人类的行为。有种风险是人类带来的，比如犯罪。以前，我们夜里可以不锁大门。如今，我们就像生活在监狱里，家里安装了防盗窗和报警系统。”

阿孙塔跟其他人出门去了果园。“我现在意识到，”她边说着边从水泥阳台向外走去，一只小狗趴

在那里，睡得正香，“这些担心是不一样的：担心火山喷发和担心日常生活的琐事完全不同。火山带来的是集体恐惧。我女儿说，她倒希望火山会喷发，因为那样我们就会同舟共济，共同面对灾难。但是日常生活带来的风险是你自己的事，不能与人一起承担。”

外面的空气很清新。杏子、葡萄、柠檬和李子压弯了树枝，夕阳西下，将累累果实染成了粉色。在铁丝网做成的鸟笼里，一只知更鸟栖息在一块木板上，人们走过，它用那不勒斯语叽叽喳喳地叫着什么。透过棕榈树，火山口边缘透着一股柔和的碧绿色彩。此时，不再有人谈论维苏威火山，大家的情绪有所好转，两个家庭开始谈天说地，笑语不断。乔瓦尼抽着烟。大家开始欣赏风景，乔瓦尼说："你看，风景很美，不是吗？"

这是否就是生活在险境当中的样子，很难说得清楚，但是，在落日的温暖光芒下，一家人和和气气地在一起，可谓惬意非常。

第三章

快乐的代价

未知世界充满风险，也带来无限可能

一个人应当做出新尝试，并承受失败的风险，而且这么做不应受到指责。

滨哲郎的餐馆位于伦敦苏活区的后街小巷。餐馆后门口挂着一幅图画，很有标志性，相当积极向上。这是葛饰北斋著名的《富士三十六景》中的一幅，名叫《凯风快晴》(*Fine Wine, Clear Morning*)，是件复制品。在画面中，赤红色山顶周围布满了融化的白雪。这幅画被印在暖帘上，那是一种有缝隙的镶嵌布料。按照传统，在日本的房屋中，暖帘用来隔开厨房和餐厅，或用作商业用途，表示店里开始营业。服务员时而不可思议地从富士山的低坡处[1]钻出来，要么手上端着长长的船形盘子，里面摆着

1　这里指印有《富士三十六景》(*Thirty-Six Views of Mount Fuji*)的暖帘底下。——译者注

寿司和生鱼片，要么端出装满天妇罗的漆盒，看起来就像葛饰北斋绘画作品中的小片云彩。盘子里还摆着装有蒸面的陶碗和装有日式和牛肉的木板，这些牛肉是用这家店里特有的“约甘烧”（yogan-yaki）煮制而成。此外，还有天然熔岩烧烤，这些熔岩是从富士山运过来的火山岩。

一个人如果肚子饿得咕咕叫，一心盼着午餐端上来，就没工夫去思量火山所象征的危险与小商家通过或希望通过向人们出售美食而赚钱的二者之间究竟有什么区别了。

这二者的区别和阿孙塔在索马的那番话并无太大不同，她描述了她那一代人的担忧，从担心维苏威火山到担心其他人。的确，我们与风险的关系在发生力量上的变化，人类机构对各种大大小小风险的意识在增强，这些就构成现代生活——或者说是“现代性”［如果你是一位像乌尔里希·贝克（Ulrich Beck）那样的社会学家，你就会这么称呼它］的重要标志，他和安东尼·吉登斯（Anthony Giddens）都阐述了“如今我们生活在‘风险社会’”这一著名论点，此二人都是备受尊崇的人物。

在贝克和吉登斯的论点中，有一条就认为外在风险（比如火山和传染病等）被“人为制造的风险”所取代，而这些风险是我们人类自己制造出来的。从极地冰盖融化、滥用抗生素催生的超级病菌到在通勤火车上引爆炸弹自杀的本土圣战分子，这种人造风险在如今的生活中普遍存在，使我们在校准和它相关的一切时，几乎将之等同于“近死”。他们推断，并不是说今天的风险比以前更多，而是风险在我们生活中的位置已经完全发生了改变。

对于未来会发生什么，我们常常表现得有些神经过敏，这种情况呈上升趋势。因为我们不仅担心我们的做法是错误的，还会投入大量精力致力于推测正确的做法——我们有希望，我们有梦想。以前我们蒙恩于神的旨意或者传说，但现在我们相信自己才是生命的主宰。变化无常的世界确实充满了危险，但也充满了美妙的可能性。

还有美味可口的寿司。午餐端上来了，随之而来的还有苏活区这家滨哲郎餐馆的创立者。他的故事里没有水深火热，也不是一掷千金的扑克游戏式商业冒险。这里没有乔丹·贝尔福特(《华尔街之狼》的作者)式的滑稽。相反，他的故事透着平淡的风险，只和金钱有关，属于个人化的东西，是一个平凡故事，关乎带着勇气去追随自己的内心，还关乎带着一点点儿创业精神去追求自己的快乐。

吃完一盘像珍宝一样精致的枕式米饭和鱼肉，滨哲郎告诉我，他出生在战后日本中部的冈谷，父亲是一位时运不济的商人。在滨哲郎出生之前，他的父亲滨先生在中国大陆开了一家进出口贸易公司，但是日本战败之后，那家公司倒闭了，很快，父亲的第一位妻子也死于肺结核。

“他失去了一切，”滨哲郎说着，用细长的黑筷子将饭粒拨进盘子里，“他有个孩子，也就是我哥哥，不管他背负着什么包袱，那都是他仅有的一切。”

滨哲郎的父亲并没有灰心，他去了首都，在“那个几乎被毁之殆尽的东京城”，开了一家小咖啡馆和百元店。百元店是一种廉价商店，相当于一元店。但是，令滨氏家族失望的是，两家店都经营不下去了。

“父亲始终是我的楷模，”滨哲郎说，“他善于随机应变，思维开阔。他经历过很多事。我觉得我就是从他那里学到了这些东西。但是，他的兄弟总是和其他亲戚说，‘哦，他这个人不够专注，肯定成功不了。’我小时候觉得他们说的不对，觉得这很不公平。”

滨哲郎始终认为一个人应当做出新尝试，并承受失败的风险，而且这么做不应受到指责。当然，这也成为他毕生的信条。

1971年，23岁的滨哲郎第一次离开日本，借着长期旅游限制逐渐松绑的契机，加入到战后第一次旅游的浪潮中。尽管大部分人都去了美国，但滨哲郎和为数不多的人去了欧洲。

“我想和别人不一样。”他说，心平气和地在桌子上旋转着一只味噌汤碗，仿佛它是一个转盘，“我通常不会随波逐流，当我来到这里，我觉得这儿就是一个崭新的世界，一切都和以前大不一样。我想要留下来。”

滨哲郎一直以来心怀抱负，希望继承父亲的衣钵，成为一名商人。他希望他可以摆脱那个大家庭里众人挑剔的目光，这时，他突然想出一个主意。他回到东京，但没有按照大家的预期去找一份单调无聊的工作安顿下来，而是对他的父母宣布："我想创业，去国外创业。"

"我想做一些不同寻常的事情。"他说，"在当时，大部分父母都会说不行，你不能去。但我父亲呢？"他笑了笑，接着说，"他说，哦，这是个好主意，想去就去吧。对我来说，没有钱，语言不通，没有熟人，这么做是很鲁莽的。但除了冒险，我没有什么可失去的。"

这个身材瘦小、穿着整洁的男人竟说出这番不羁的言辞，显得颇有些不协调。他身穿米黄色外套和淡蓝色衬衫，衣服精心熨烫过，很平整，他的两鬓有些泛白，留着整齐的小胡须。当然，光看外表，看不出滨哲郎对传统的叛逆，但他的眼神闪烁着活力，还有那不拘礼节的举止，都与他的外表颇有些不相配。

1973年，他来到伦敦，立刻开始寻找机会。不久以后，他在贝斯沃特的后街小巷里偶然发现了一家小旅馆。旅店一楼有一间早餐室，白天闲置着。

在当时，伦敦只有四五家日本餐馆，而来自日本的游客与日俱增。滨哲郎开始着手去说服那家旅馆的经营者：只要在那里开间日本餐馆，就会吸引来大批的日本游客。

“我说，好，我想不花一分钱租下来。老板说，不花一分钱？哦，不，不，不。你总得付电费和煤气费吧？我同意了。”他情不自禁地笑起来，显然被40年前的做法逗乐了。

滨哲郎开始打理自己的餐馆，与其说这是大胆的创业冒险，还不如说更像是在经营学校项目。他用一张塑料板剪出日本地图，涂上颜色，粘在墙上。接着，他用木头和墙纸做成障子，用来遮住窗户，那扇窗户正对着一楼楼梯。就这样，他的餐馆开业了。

“我把它称作日本滨氏饭店餐室。之所以叫‘饭店餐室’，原因很简单，因为我们没有现成的生鱼片，而且我的主厨也不是寿司主厨。他是一名日籍法国人，非常年轻，只有19岁，刚刚从烹饪学院毕业，我对这个小伙子说，你会做味噌汤吗？他说，当然会做。然后我说，很好，你来上班吧。他就来了。”

滨哲郎哈哈大笑起来。在午餐期间，他用这种话剧式的方式重温了这段似乎称得上是最快乐的回忆。在这妙语连珠的对话背后，可以看到，这位老人对于当时所冒的风险有着敏锐的认识。

“冒了很大的风险，不是吗？”他说着定了定神，调整了拿筷子的姿势，“我对于经营餐馆一无所知。不懂得怎么做生意，甚至没有营业许可证。你知道的，最坏的情况不过是被驱逐出境，”他抬了抬眉毛，“但这就是我的性格。我天生乐观，是个冒险家，但我感觉不到这种风险。有时候虽然你并没有冒险，但实际上却正处于风险之中。”

日本滨氏饭店餐室并没有一夜之间获得成功，但不到一年，他们收支相抵，滨哲郎甚至开始为自己开出不多的薪水。三年后，滨氏第二家餐馆在芬治利道开业。1979年，他抓住机遇赚了一笔。

20世纪70年代初期，旅行限制在日本得到解除，同时，私人购买进口轿车的繁复手续也被取消了。滨哲郎的交际能力正好派上用场，更不用说他对英国的商业环境相对来说比较熟悉，而且能说一口流利的英语，所以，日本汽车爱好者开始找他帮忙，购买法拉利或捷豹。这真是令人兴奋。

“如果是日常工作，我做不到这一点。”他说着，走出餐馆，肩膀轻轻摆动，脚步很是轻盈，仿佛比实际年龄年轻了一半，然后朝着停在外面的银色奔驰走去，“我总是要尝试新东西。”说完，他发动汽车引擎。夏日的暖风吹过滨先生的奔驰车，他驶过波特兰街，穿过摄政公园、梅达谷的豪宅街区和瑞士小屋式的中高层建筑，绕过相对喧嚣的北环路，朝着他的另一家店面驶去，他讲述了自己买卖汽车的生意是如何从萌生想法到付诸实践的。

刚开始，他在一家大型汽车库和展示厅后面租了一间小办公室，分包他们的工程服务，为他们卖车。他的目的很明确，就是要成为日裔社区内汽车行业的供应商。这个主意很棒，生意很快得到扩展。90年代中期之后，滨哲郎成为丰田汽车在英国最大的经销商，年营业额达到约7000万英镑。但与此同时，事情变得“不算单调，但了无新意，”他说，还有“压力与日俱增”。一味地挣钱，生活没有乐趣，这并不是

滨哲郎想要的生活。2003年，他抽身退出，用他的话说，“用一笔相当合理的价钱”卖掉了那家店。如今，滨哲郎站在无疑是最干净的车库里，而这里也是他那家汽车公司所留下来的唯一的东西，他简短地说：“这就是退出并投身其他事业的机会。”

几个月后，在第一家餐馆打工的19岁主厨山本馨打来电话，他们当时已成为朋友。他在受到大萧条袭击的东京经营着一家法式小酒馆，生意十分惨淡。

“所以他说，他想关掉这家店，我说，那你有什么打算呢？”滨哲郎再次笑得合不拢嘴，“没什么打算，他说。没什么打算？你想回到伦敦吗？日本料理在这里很受欢迎。他就来了。我是为他而开的这家店。”滨哲郎压低声音小声说，“为了山本先生，为了我的主厨。他很有本事。”

就这样，他和山本馨经过一番周折，在苏活区开了这家雅致的餐馆，也就是前面提到厨房门口挂着印有火山暖帘的那家。不久，一家日本烹饪学校在伦敦金融区成立了，并开始对外招生。2013年，联合国教科文组织将日本饮食文化列入非物质文化遗产，烹饪学校的成立也正好迎合了这件事。

“我可能会做快餐连锁店。”滨哲郎咧嘴笑着说。滨哲郎今年66岁，尽管他这辈子有三分之二的时间是在英国度过的，但他仍然是一个性格冷静的日本人。他的英语带有浓重的口音，偶尔有些难懂，还明显保留着从日本海那头所带来的特性。他的妻子和已经长大成人的孩子都回了东京。但不管怎么样，滨哲郎留下了。因为他所享受的创业生活无法在其他地方进行，他对在异域他乡创业有着深刻的认识。有时，一些小事就能使你感到快乐，舒服自在。

当问到他是否认为在追求事业的过程中，在英国比在他的祖国获得了更多自由，他说：“是的，我这么认为。”他斟酌着，朝自己的汽车走去，“在日本，你常常得用自己的资产去做抵押，所以，一旦失败，你就失去了一切。而且，日本人常常认为，一旦你受了挫折，就是一个失败者，你的一生也就到头了。在这里，你可以重新再来。这就是区别。”

这是滨哲郎的行事方式的核心，也是他的成功之处。其中一点就是，他长期以来把小挫折置之度外，

始终留心细微的机会，用他的话说，趁好运之风从身边飘过时“抓住它”。他是幸运加丰富阅历促成成功的极佳范例，但在这个风险社会和不确定的世界中，他把握住了自己的运气。

滨哲郎再次驱车穿越伦敦。他走进烹饪学校，沿阿尔德盖特水晶般商业神殿的路边走去。他站在那儿，和一名员工开玩笑。那人正在为晚上的课做准备。他正将不锈钢碗和一沓沓小葱、芥末酱、有光泽的茄子和尖刀摆好。空气中弥漫着浓浓的酱油和米醋的味道。有人叫滨哲郎系上围裙。“我最想看到他这个样子了。”一名主厨说。滨哲郎故作惊恐状。大家都笑了起来。

“如果我完成了想要完成的事，我会很快乐。”他说，“高营业额不重要，金钱也不重要。我的员工干得开心，我们就像一家人，互相友爱，这就是成就。我很喜欢看到他们开心，那样我也会很开心。”

正如美国小说家乔纳森·萨弗兰·福尔（Jonathan Safran Foer）所写：“稳不住幸福，亦躲不过悲伤。”而滨哲郎的人生似乎静静地证明了快乐从何而来。

第四章

脚尖上的梦想

我喜欢冒险，那使我超越自我

你必须意识到自己是谁，在做什么，这样才不会偏离太多。

想象一下，面前有一个滚烫的舞台，我们不确定能不能在上面行走，因为我们的脚可能会被灼伤。现在，想象一个可爱而透明的生物在一片漆黑中旋转舞动，一位看不见的音乐家在为之演奏着异常欢快的旋律，舞者踮着脚尖，跳着令人惊艳的舞蹈。如果她稍稍停留片刻，或者放慢舞步，变得笨拙了，肯定就会被火烧着。或者只是看起来是这样。可事实恰恰相反，她面带微笑，就好像不愿再去别处，她不停地旋转、舞动，就像一片雪白的羽毛，在热风的漩涡中飞舞。不久，她旋转的舞步戛然而止，透着骄傲的喜悦，接着，观众发出一阵阵赞赏的欢呼声，大呼不可思议。

当然，舞台并不烫，舞者也不是超人。这只是多蕾西·吉尔伯特小姐在清朗的一天里，在舞台上用舞蹈跳出的效果。她是她那一代里最杰出的芭蕾舞女演员之一，是巴黎歌剧院芭蕾舞团的“舞星”，这家芭蕾舞团位于法国首都巴黎市中心的巴黎歌剧院（又称加尼叶歌剧院），而这栋歌剧院是由黄金与雕塑打造而成。在这里，“舞星”是最高级别的独舞者，这家芭蕾舞团是世界上历史最为悠久、首屈一指的芭蕾舞团。

然而，多蕾西之所以能取得舞星的地位，在很大程度上要归功于在近20年前，她父母默默承受了一个谈不上有多刺激的小冒险。这是一种被滨哲郎视为很有希望的冒险，是在直觉的驱使下进行的。这种直觉认为，快乐或许值得追求，哪怕没有把握完全成功。

正因为如此，1995年夏天，理查德·吉尔伯特和伊芙·吉尔伯特夫妇才会决定卖掉他们在图卢兹的家族企业，那家公司规模不大，但历史悠久，专门生产女式衬衫。多蕾西是他们的独生女，当时年仅11岁，她热爱舞蹈，为舞蹈而生，刚刚被著名的巴黎歌剧院芭蕾舞学院录取。吉尔伯特夫妇都住过寄宿学校，很讨厌那种地方，所以坚决不让多蕾西住到那里去。如果多蕾西要去首都，那么他们也会陪同前往。退一步说，这么做有些冲动。吉尔伯特对竞争残酷的芭蕾舞世界一无所知，而且，谁也拿不准多蕾西能不能实现梦想，可能不出几个月她就会被赶出学校。她上的是九强班，在第一年，班里三分之二的学生就得卷铺盖走人了。吉尔伯特夫妇也的确不知道，如果多蕾西落选了，他们一家漂泊在巴黎究竟能做什么。一开始，他们抱着微茫的希望，想购买并经营一家标志性的巴黎新闻报刊亭，然而这个打算也被现实击得粉碎，毕竟转手费用很高。尽管如此，他们还是留在了这里，多蕾西也留在了芭蕾舞学院，所以，理查德只是拿起电话，一点一点地开始筹备，重新张罗着图卢兹的公司。

“因此，他在知天命的年纪，才开始白手起家。”多蕾西坐在巴黎第九郡的酒吧里，正将甜料调入昂贵的欧蕾咖啡，离巴黎歌剧院仅数步之遥，“他们冒了很大的风险。可以说是孤注一掷。我想在那个阶段，他们一定背负着巨大压力。好了，我们重新开始。但他们从来都没有让我觉得，他们是为了我才做出这些重大改变的。他们从来都没有说，我们是为了你才来到巴黎的，你知道吗？从来没有。我想，他们的陪伴对我来说很重要。因为如果要和其他小舞蹈演员一起住在寄宿学校，虽然她们不至于往你的芭蕾舞鞋里放碎玻璃，但是要面临很多竞争，氛围很紧张。你看，我可以避开这种氛围。我可以回到家里，和爸爸妈妈谈论一些其他事。这对于我保持心理平衡非常重要。”

在多蕾西所从事的行业中，心理平衡是十分重要的。因为事实上，跳芭蕾舞尽管本身并不危险，却要面临很多实实在在的风险。每一天，芭蕾舞演员都可能受伤、职业受挫或受到别人的嘲笑，每一种风险都会通过她们在观众面前的表演而被放大几倍。

多蕾西阳光、开朗，她喝着咖啡，没有浪费时间一一枚举如何应对各种各样的危险。她用浓浓的图卢兹口音讲述了作为一名舞星，在名誉上应该承担的责

任：要始终优秀，“总是要面对创造方面的风险”，如她所说，“我的表演令人满意吗？能产生影响吗？能打动观众吗？因为我必须得对得起我所获得的头衔。”这种感觉很复杂，她说，即便是在今天，她依然觉得大名鼎鼎的巴黎歌剧院的舞台是个“神圣的地方”，必须超凡卓越，哪怕金碧辉煌的表演厅里空无一人。

这会儿，多蕾西对这个话题越聊越起劲儿。她说，还有一个风险就是“技巧风险”，你的双脚必须要应付得了舞蹈编排。她以一个小故事为例，就是在本章开头提到的那场舞步复杂巧妙的独舞，她在古巴表演时就失败了。还有就是个人风险。她依然笑容灿烂地说：“因为在角色表现中，你暴露了一切，展现了内在自我，如果演出不受欢迎，你自己的工作也就会处于危险中。”

最后，仿佛所有这一切都不足以阻止一个人再次穿上粉红色缎面舞鞋，这就是优雅的芭蕾艺术的魔力。

“对我来说，最大的风险，”多蕾西向前倾了倾，无意识地伸出手绕住一只脚的脚踝，“莫过于受伤。因为总得挑战极限，经常容易肌肉抽筋或者出现轻微的炎症。舞者每天都会受点儿小伤。”她耸了耸肩，“但这些小伤达到一定限度，就会变成真正的损伤，而究竟达到什么限度，谁也说不清。常常是自己都没想到会受伤。”

她的笑容消失了，情绪有些激动，微微蹙了蹙眉头，开始讲述一连串令人心痛的受伤事件。在2012年，当她表演《舞姬》[1]时，舞蹈进行到一半，她的腓肠肌（小腿肌肉）突然撕裂。

“咔嚓！”她睁大眼睛说，“演出之前我状态很好，也进行过热身运动。我踏踏地跳着，”她的手臂在空中做出阿拉贝斯克芭蕾舞姿，“然后，突然间，像中了魔一样，我停下来，压力袭来，一切……咔嚓！我从噩梦中醒过来。咔嗒！太可怕了。我离开舞台，就像现在这样。”多蕾西从桌前站起身来，手放在髋部，拖着脚慢腾腾地穿过空旷的酒吧，耷拉着头，“音乐还在继续，其他舞者在我身后继续翩翩起舞，我离开了，就像现在这个样子。只因为我的小腿。”

1 《舞姬》是古典芭蕾舞最辉煌时期俄罗斯古典芭蕾的一部经典作品，是世界公认难度最大的芭蕾舞剧。——译者注她回到桌前，说道，“你不介意吧？”她点燃一根电子烟，吸了起来。

小腿的伤势很快就痊愈了，只花了一个月时间，外加一个月的物理治疗，但是，心理治疗进展得非常缓慢，这个过程也更复杂。修复撕裂的肌肉时，受伤的舞者同样也要重新修复和风险的关系。因为的确如多蕾西所说，舞者因受伤而终结职业生涯，这实际上是伤势所造成的心理创伤，长时间的疼痛、害怕再受伤或者仅仅是不再热爱自己所做的事，这些东西耗尽了舞者的精力。“再也不想跳舞了。”她说道。

“我小腿的伤在心理上也产生了可怕的后果，很严重，我很震惊。”整个早晨她脸上的神情都极其黯淡。然后，她低头用拇指抚了抚涂抹了指甲油的手指甲。“很容易产生恐惧心理，担心再次受伤。这种恐惧感很强烈，长期伴随着我，你知道的，脑海里总是出现一个声音，说，小心，不要忘了这一切，不要好了伤疤忘了疼。”她叹了一口气，然后再次笑了笑，“你的确需要在身体上重新树立信心，确信演出时身体不会让你失望。唯一能让你做到这一点的就是时间，还有就是再次跳舞，回到舞台上，继续演出。最后，你会发现，一切都解决了。”

接着，多蕾西轻盈如烟地从椅子上站起来。“来吧，我十一点有课。”她走向宁静街，朝大剧院走去，迈着芭蕾舞演员独特的轻快步姿，稍稍抬高脚步，踮起穿着轻便舞鞋的脚旋转起来。

***

从词源学来看，“风险（risk）”这个词的形态随着词的含义而不断发生变化。人们认为“风险”一词可追溯到荷马所著的《奥德赛》中的一个故事。在故事中，宙斯盛怒之下唤起一场可怕的暴风雨，男主角是唯一的幸存者。奥德修斯驾船回到海里，遭遇可怕的卡律布狄斯大漩涡，脚下的船被淹没了，一棵无花果树的根恰好从悬崖上伸出来，他紧紧地抱住树根，从而得救了。这些树根的其中一条被称作“rhizikon[1]”，从这时起，这个词本身的词义开始发生演变。不久，“rhizikon”被用来表示悬崖，或“断裂带”，也出现在古希腊语“航海”缩写语中，表示在海上要努力避开

1 rhizikon是古希腊语，意为悬崖。——译者注

的各类“困难”。对卡律布狄斯来说，这个词似乎有些太温和，但情况就是这样。

之后，这个词进入拉丁语，作为“resicum”而出现，意思是“断裂带、岩石、峭壁”。它表示某种边缘或者起点，谁也不知道那里会有什么危险。这个词似乎最终在中世纪意大利语中与“risicare”合并，变成“risco”，表示遇到危险。

到了中世纪晚期，随着海上探险伟大时代的到来，“风险”这个词逐渐发展成形，既是一个词语，又是一种观念。在整个欧洲，有进取心的商人和航海者都离开已知世界，去探索未知世界，到“断裂带”去，穿过浩瀚无涯的海洋，去寻找知识和财富。这无疑意味着将会遇到危险，但也有可能获得回报。由于这个词具有积极的一面，于是被纷纷引用，形成了一种多米诺效应，从意大利语到法语的“risque”、德语的“risiko”、葡萄牙语的“risco”、西班牙语的“riesgo”，到了17世纪60年代，成为英语中的“risk”。

可以回想一下，哲学家尼采在度假时是如何如痴如狂，告诫人们要“生活在险境当中”，敦促人们不仅要将城市建在维苏威火山的山坡上，还要将船驶入“浩瀚无涯的海域”。我们都知道，这正是风险的定义。尽管在现实世界中，风险不仅存在于海洋中，还存在于任何地方。对风险的定义并不只是像多蕾西·吉尔伯特在芭蕾舞演出中所做的分类，局限于客观（和可预估的）和身体上的危险，任何一个人如果认真去理解人类所面临的风险，都必须承认，一些严重的主观风险也常常会发生作用。那么问题就在于，如何去衡量主观风险呢？

新的尝试以心理量表的形式出现，该量表发表于2002年，由一批北美心理学家编制而成。在心理量表中，他们试图就五个不同的“领域”或在生活中起决定作用的区域，对我们和风险承担的关系做出评估。这套评估体系有一个简洁的命名，叫DOSPERT（领域特异性风险量表），如今是决策理论的一个支柱。该量表将人们考虑到的风险进行分类，包括道德风险（例如，伪造签名或和别人的妻子通奸）、财务风险（将一部分收入用于投资投机性股票，或者将一天的工资赌在赛马上）、与健康有关的风险（没有涂抹防晒指数达到30的防晒霜就去晒日光浴，又或者晚上独自一人穿过危险的地方走回家）、娱乐风险（进行滑雪运动或跳伞运动）和社会风险（与一位老朋友发生口角或在中年换工作）。

一方面，对围绕不同的风险设立的DOSPERT做出反应，这些反应使我们在直觉上能加强对已知风险的认识：对于将要冒的风险，人和人之间在认知上存在着很大差别，但是，没有一个人能完全避开风险或冒百分之百的风险。想一想胆怯的高空跳伞者，或者抽烟抽得很凶的谨慎投资者。然而，这些变量较少出自较深层次的人格特质或对风险所持的基本个人态度，更多出自我们对每一项具体活动所具利弊的认知和考虑，首次用DOSPERT对这些变量进行测试后，这种方式被证明是具有启发意义的。

经过这种测试，你会突然发现，我们与风险的关系是一种预设模式，这不仅仅关乎我们的恐惧阈值[1]，或者甚至与我们的冒险欲（或者航海欲）有着必然联系，

1　阈值又称阈强度，是指释放一个行为反应所需要的最小刺激强度。低于阈值的刺激不能导致行为释放。——译者注

还关乎我们的信仰。和我们的价值观、人生观有关。

***

此时，多蕾西·吉尔伯特坐在巴黎歌剧院的更衣室里。她的更衣室位于奶油咖啡色调的宽走廊后面，房间不大，打扫得一尘不染，木地板有些发旧，天花板很高，高高的窗户挂着亚麻窗帘。她的芭蕾舞裙挂在一排挂钩上，书架上放着芭蕾杂志和叠起来的连身装。杏色天鹅绒面料沙发尽头堆放着上百双芭蕾舞脚尖鞋。“两年了。”多蕾西说。照明镜下的梳妆台上，摆放着一张鲁道夫·纽瑞耶夫[1]年轻时候的照片，他在20世纪80年代曾经出任芭蕾舞团的艺术总监，他的葬礼就在楼下的大理石大厅举行。

“每次演出之前我都有点怯场，感到胃很难受。”多蕾西说着，扎好头发，“但是，一旦我走出幕布，从侧面走上舞台，就会忘记一切。然后，一切变得美好起来，就像悬停在两个世界之间。仿佛不在现实世界，脱离了尘世，时间驻足不前。就是这样。”她弹

1　鲁道夫·纽瑞耶夫（Rudolf Nureyev，1938—1993）出生于苏联，是当代最富魅力的男性芭蕾舞者之一。——译者注

了个响指，“这就是我喜欢跳舞的原因。并不是每次演出都会这样，但是，一旦这种感觉来临，你就会觉得很不可思议。”

毫无疑问，多蕾西所珍爱的事业，她的信仰，她的所有努力，经历的所有困难和风险，都是值得她付出的。她以她的方式成为DOSPERT原则的很好范例，相当重要的原因是她的价值体系和对风险的认识是在测试过程中形成的。三个月前，她的第一个孩子出生了，是个女孩，取名叫莉莉。生完莉莉后，她就重新回到自己的工作岗位。从她修长苗条的身材来看，或许你不会想到她已为人母，但十一个月没跳舞，她还是觉得“嗯，不是很危险，但有一种潜在的焦虑感”，多蕾西说：“我能恢复体形吗？还能像以前一样跳舞吗？在此期间我有没有被人遗忘？因为作为舞者，我们的身体和肌肉由我们控制。而突然一下子，对一切都失去了控制，我的身体头一回不受意志力的控制。这是自然而然的事。所以我感到极度空虚和怀疑，我还能变回到从前的我吗？我始终努力训练，希望能再次恢复这种控制力。”

她解释说，她重返巴黎歌剧院，首场演出就是公认技术难度很大的兰德尔的《练习曲》[1]。“所以我压力很大。”她说着笑了笑，“但是初为人母，我学会深入思考很多问题，我以前有些紧张过度。因为多了这个小生命，你会觉得她比任何事都重要，所以在某种程度上，压力或者风险就被转移了。”

楼下，礼堂的后台，在一排灯光和后台厚重的幕布后面，是巴黎歌剧院中隐藏的珍品之一。这就是巴尔扎克笔下的《芭蕾舞剧场的休息室》(*The Foyer de la Danse*)，由德加[2]所画。这个房间装饰得非常精美，令人很难相信，就是在这里，芭蕾舞团的演员们在演出之前进行热身，接受芭蕾舞教师的指导。

在那里，镀金天花板上有两盏像小树一样巨大的

---

1 《练习曲》(Études)由哈罗德·兰德尔于1948年1月18日在哥本哈根为丹麦芭蕾舞团创作，是世界保留剧目中最著名的丹麦芭蕾舞之一。——译者注

2 埃德加·德加(E.Degas，1834—1917)法国画家、雕塑家，生于法国巴黎，德加富于创新的构图、细致的描绘和对动作的透彻表达使他成为19世纪晚期现代艺术的大师之一。他最著名的绘画题材包括芭蕾舞演员、其他女性以及赛马。——译者注

枝形吊灯，灯光下，多蕾西正在为舞蹈课进行热身。站在精美的镀金柱子旁，在巨幅田园场景油画的映衬下，她看起来很渺小。当然，这样一个空间无疑加大了对艺术上的预期，衬托出她纤细的肩膀所承担的创造性风险。这使人想起多蕾西在酒吧喝咖啡时说过的那些充满智慧的话语，多少能给人一些安慰。

“你是让我谈谈经验教训？”她说，“嗯，我喜欢冒险，因为那使我超越自我。但与此同时，必须意识到一些现实问题，不能走得太远，滑向负面的风险中去。你知道，就像那些气球，一直往上升会带来什么后果？如果没有拴在地面上，它们就会飞入高空，就再也见不到它们了。跳舞也是如此。你喜欢气球的美丽，但同样需要有根绳子。你必须意识到自己是谁，在做什么，这样才不会偏离太多。”

第五章

公共安全的决断力

风险经得起推敲，甚至可以预测

专业知识以及决断力看起来成了在风险面前保护蒂莫西的铠甲，也是他处理风险的关键技能。

在有些地区，提到黑天鹅，人们就会听到柴可夫斯基，想起《天鹅湖》[1]中奥杰塔的对手，或者娜塔莉·波特曼在奥斯卡芭蕾舞惊怵片[2]中成功扮演的角色。但是，在其他圈子里，提到黑天鹅，人们压根儿不会想到舞蹈。在那里，人们脑子里会充满飞机袭击双子大楼、福岛释放冲击波和屏幕上股票暴跌的画面。美籍黎巴嫩逆向投资者兼统计学家纳西姆·尼古

---

1 《天鹅湖》是柴可夫斯基创作的芭蕾舞剧，是世界上最出名的芭蕾舞剧，讲的是白天鹅战胜黑天鹅的故事，也即正义战胜黑暗的故事。剧中，白天鹅叫奥杰塔，黑天鹅叫奥吉丽娅。——译者注

2 这里指电影《黑天鹅》，2010年由达伦·阿伦诺夫斯基执导的美国电影。娜塔莉·波特曼、文森特·卡索和米拉·库妮丝等联袂出演。——译者注

拉斯·塔勒布（Nassim Nicholas Taleb）在那部具有影响力的作品[1]中发现了这种联系。他观察了某一类不可预测的罕见事件所产生的重大影响，并提出黑天鹅理论，认为只有在对这类事件展开回顾时，人们的思想才能够接受。书里用冗长而枯燥的叙述告诉我们本应该预知到这些事件。塔勒布提出，我们忽略了随机性，习惯于严重低估未知事件的意义，从而对我们自己的预测能力产生错觉。如果塔勒布的观点是可信的，那么，我们的风险智慧的确不如我们想象得多。

对这一代人而言，黑天鹅的原型当然是9·11事件。像许多当代风险学作家一样，塔勒布给出一条捷径，如果不立刻分析这些风险，似乎就是不开化。9·11事件变成了一个回音室，这里激起当代人对恐惧、不确定性、道德、死亡率、权力和知识的全方位思考，按照拉姆斯菲尔德（美国前国防部部长）的说辞就是："已知的已知"、"已知的未知"和"未知的未知"三位一体。这成为一种错觉，是我们对风险所持

1　这里指塔勒布的金融理论著作《黑天鹅》，在书中，塔勒布研究了高度不可能事件以及不可预期事件的强大影响力。——译者注

的最黑暗感觉。

***

但与蒂莫西·D. 林奇会面之后，我不禁再次开始思考这个问题。9·11事件发生在他的工作场所，此外，他在处理随机性事件时从来不怕麻烦。作为纽约屋宇署法律工程部主管，蒂莫西很少有时间就大楼修建或倒塌进行“高深莫测的哲学探讨”。用他的话说，他属于那种“这个我们可以做，我们可以这样做”的类型，他这人缺乏情趣，一门心思想着怎么才能把事做好。9·11后的13个星期里，蒂莫西白天工作完，就主动要求晚上加班，帮助清理世贸中心周围方圆7公顷的废墟。

“在那里，并不是每个人都可以得救。”他说，“我从来不觉得那里很危险，那地方很脏倒是真的。”

当被问及这么说是不是因为沮丧，蒂莫西说：“不是。”

“对于那些已经逝去的人来说，我们什么都帮不了。这就是为什么我觉得我可以胜任这份工作的原因，”他捋了捋袖子，接着说，“要知道，对工程事故、火灾这种状况，我见得多了。我只是换了一种看问题的方式。并不是说你不能用人道主义看问题，而是那样做不能让我保持清醒。”接着，他的目光扫过窗外的曼哈顿南部，停留在刚刚封顶的新世贸大厦上。他微笑着说：“当然，真正让我感兴趣的人是有体温和脉搏的。”

这种常常不近人情的实用主义，也就是知道自己的能力范围，再加上对工作那超越常人的渴望，使得蒂莫西·D. 林奇在纽约城赢得了一席之地。同时，这也是林奇对风险智慧独到见解的精髓。

蒂莫西和他那由35人组成的第一应急小组不仅会奔赴任何突发灾难的建筑现场（例如2014年东哈莱姆区瓦斯爆炸事故以及2012年的桑迪飓风），还负责纽约城所有建筑的日常维护。也就是要确保对所有“有体温、有脉搏的”人来说，五个行政区的建筑没有任何安全隐患。按蒂莫西的话来说，就是“我对纽约城所有的建筑了若指掌”，而且他这么说毫无夸大之嫌。接着，他像个马评人一样滔滔不绝地说了起来：“好吧。纵使这城市有上百万栋建筑，我对它们

也是了如指掌。那么我的脑海中又有什么呢？有木质结构的独栋房，有车库。还有无处不在的19世纪的排屋，而我脑海中能够立马浮现其中的30万幢，”他点了点自己的额头，继续说道，“所有的廉价公寓，那12万幢的六层楼建筑，也全都在我的脑袋里。所以，我的脑海里有50万幢房子。接着，我还有1.5万幢的宗教建筑，房子上头点缀有耶稣受难的十字架，塔尖直插云霄；前不久圣约翰大教堂还跌落了些石子儿。地标性建筑？自然也在我的脑海当中，它们足足有4万栋之多。什么摩天楼啦，豪华公寓啦，以及7

层以上的房屋，都在这里，数量是1.35万栋。这还没算完，还要加上与之相关的建筑事故、起重机故障、死伤事故、火灾以及形形色色的其他事件。”他朝自己的黑莓手机瞄了一眼，沉默地按了按键盘，好像有些不容遗忘的事情亟待处理。然后，他站起身来对我说：“走，我带你去车间转转。”

如果把蒂莫西·D. 林奇比作永不停歇的发电机，这么说其实是有些低估他了。他身高约1.74米，看上去很瘦，但十分健壮，身心随时处于待命状态。虽然从早上7点开始，他就一直待在办公室里，但他时刻准备着，随时能以光速开始行动。他身着紧身制服，鞋子锃光发亮，时常把“是什么让整个城市得以运转？咖啡！我就是靠这个运行的”之类的话挂在嘴边。而且你大可对此信以为真。毕竟他可不是个喜欢久坐的人。他先是轻快地走过屋宇署会议室的地板，接着又风一样穿过漆黑的走廊，朝法医工程单位走去。

“你休息时干什么？”

他边走边回答说：“跑步。”

双手推开双摆门后，蒂莫西一阵风似的来到一间宽敞低矮的办公室。这儿挤满了办公桌，桌上的图纸堆积如山，每张桌子由颜色像冷粥的装潢屏风分隔开来。每一处空余的地方、窗台、书架，甚至是地板上，都堆着一摞摞图纸。

“这儿就是核心部位了。”他说道，“我期望这里能更雅观些，不过凑合吧。我们在这儿有很多活要干，都和管控风险有关。”

接着，他开始解释，像纽约这样一个模范城市也会因为极端天气情况，显得格外脆弱不堪；寄托着雄心壮志的建筑物也会有内部老化问题；租赁文化占据主导地位，意味着偏远地区的房东不会关心他们那年久失修的出租房屋——反正他们又不是自己住。

蒂莫西小心翼翼地从办公桌脚下拿出一大块天使状石雕，只是被烟熏得有点儿发黑。

“很漂亮，不是吗？”他的声音有点儿爱尔兰裔美国人的喉音，软软的。“东村曾经有个建筑物着了场大火，门面上离地3米的石雕全部掉了下来，我就留了一块。”

他默默地冲石雕微微一笑，再次话锋一转，说：

“如果被这样一块从300米的高度掉落的石雕砸中，可就够呛了。因此我的唯一兴趣在于公共安全。无关审美或文物保护。不是一个螺帽的问题，也不是漆工的问题，更不是入住率问题。这些都与我所从事的行业无关。如果我的工作室里有某个建筑的图纸，那是因为有人曾抱怨它的建筑结构。物理结构问题一旦出现变动，很难确保整个建筑物不会出任何差错。”

综上，你可能会感觉，如果一栋建筑能够倾听，一定会采纳蒂莫西·D. 林奇的意见。事实上，他经常把建筑环境说得好像有意识一样，说什么一个存在缺陷的建筑物“才不会关心”施工时限；“引诱你”相信它的结构多么多么稳妥；要想弄明白这一点，得在脑海中对其抽丝剥茧，或者用蒂莫西的话来说，“瞧一瞧它的底裤”；还有他在一幢行将解体的出租屋倒塌前，驱散了里头的房客，处于倒塌边缘的房屋又是如何向你“泄露机密”（尽管听起来有些瘆人）。蒂莫西和他的团队对危房有着知根知底的了解，这使得他们拥有了相当的可靠性，不仅能评估未来将会发生什么，更重要的是还能预测发生时间。

“我无时无刻不在预测。如果停留在反应模式下，”他耸了耸肩说，“可就惨了，一切都玩完了。”如果还对房屋倒塌所造成的严重后果心存疑虑，蒂莫西的话会让你对各地的致死率毛骨悚然，这些可怕的场景要么是因为打给屋宇署的电话太迟了，要么就是压根没人打电话求助。

“瞧瞧我们收到了多少份报道吧。”蒂莫西穿过办公室，拍了拍数百个纸堆中的一个，“我们每隔四五年就要处理掉其中的20万份报告。”当被问到处理这些工作是否乏味，他果断地回答说，“绝对不是。”

这些东西不是所谓的官僚作风积压所致。这些纸上的信息是蒂莫西 · D. 林奇处理风险的关键所在。他要对潜在或危如累卵的紧急情况做出全部决策，他一边再度拍了拍这些报告，一边再次强调是“全部”，而这么做所仰仗的并不是直觉或是猜测，而是知识，这些知识来自于对存在缺陷的每一块砖瓦所做的严密研究。

“阅读过海量的相关知识，所以能从中找到范例。”他说，“而我的工作大部分就是在寻找这些范例。这30多年以来，我积累了12万个小时的工作阅历，因为我每年工作3000个小时。而且，我从未远离这行当。我始终都在思索这些事情。晚上做梦都想着这些个建筑，不过我倒是没有为此失眠过。这倒不是出于对工作的热情，而仅仅只是我的记忆而已。我记下了一切。”

他拿出一份文件，里面记录有各式倒塌建筑的素描。每个素描临摹得都十分细致入微，甚至充满美感。

“我一从现场回来，就马上画下这些素描。”他说，“我大都是根据记忆画的，绝不是按照相片作画。我并没有超乎常人的记忆力。我只是在这一个领域表现出了超凡的记忆力。我可以记下形状，说出历经沧桑的建筑物的构造细节。我能够立马看出建筑的样式。样式就是我的关注点。”他顿了顿，手指顺着屋顶的轮廓线描了两下。

重点在于所有这些知识和图案样式都汇聚在一起，形成光速一般反应迅速的风险智慧，这是一种打磨完备的决策能力，也可以把其视作是对像塔勒

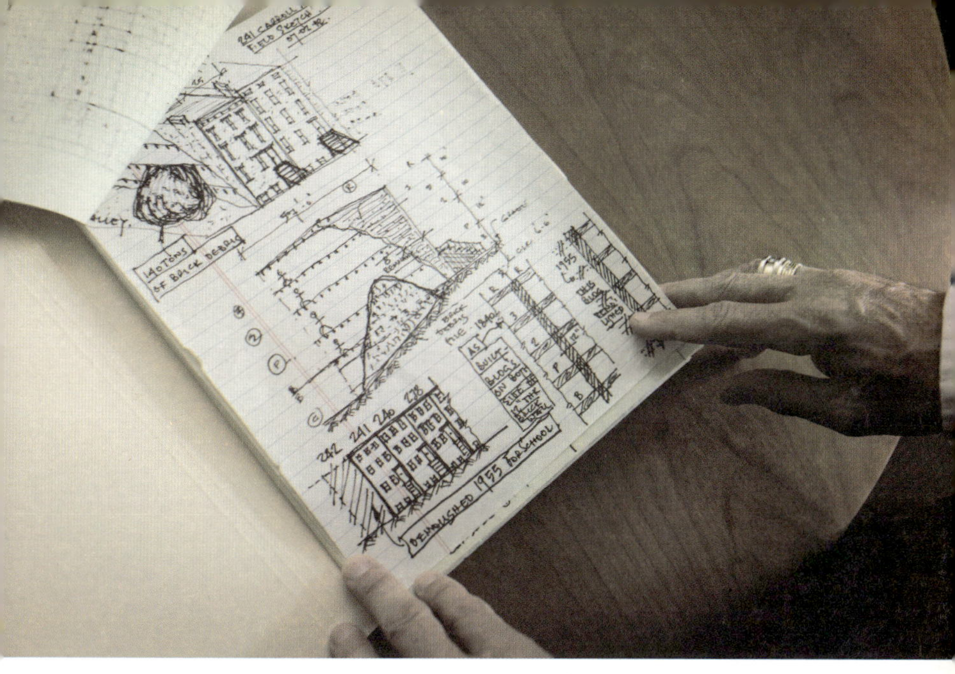

布那样认为随机性不可征服观念的一种宣战。因为，诚如蒂莫西所言，“真正的敌人不是建筑物，而是时间。我们始终在追逐时间，追逐引力。”此番话语只会给蒂莫西增加魔术师般的神秘感。有些同事甚至私下敬畏地说蒂莫西有“第六感”，而他却只会对这样的言论摆摆手。

“不是这样的。这只是一种能让我以最快速度在脑海中处理这些数据的过程而已。但我靠的不是猜想或是直觉。这是一种计算出来的成果，一种演算。我只不过是能够非常快速地做到这一点罢了。”

乍一听，这也许有些冷冰冰的，不过这种知识与演算的结合是一种颇具时效性甚至亲和力的应用。因为这二者加上蒂莫西瘦弱的体格，使他能进入别人所不能进入的危房。蒂莫西说自己能轻易算出房屋的承重，进而找到一条规避风险的道路。在一些街区，这一点为他赢得了英雄光环，人们认为他不仅能救人于危房之中，还能从那里成功拿出他们的救心丸、金鱼缸，甚至能从摇摇欲坠的犹太教堂中取出教义律典。

"我的工作危险吗？"他看了下手表，从抽屉里取出安全帽。"环境的确十分危险。不过我会把自己置身于险境当中吗？不，看看我这身行头吧。我穿着制服，每天都要打磨鞋子。我是个非常保守的人。我从不做让自己胆战心惊的事。"

他咧嘴而笑，好像是准备对直觉的勇气和冷酷无情的理性做一番研究一般。不过，就在这29层的高楼之上，大家突然为某个紧急状况忙开了。报警还是昨晚的事，一个小时之内紧急拆除令就签好了，而半小时后蒂莫西就开始走访现场。蒂莫西朝我说道："咱们走吧！"说完，他开始朝电梯走去。他开车从百老汇屋宇署穿过曼哈顿大区和美国大道，接着驶过索霍区、西村以及熨斗区，这期间他没聊他的工作，而是在讲述关于自己的故事，比如有次他从一个房间的地板直接掉进2.5米深的地下室，还好是正好落在沙发上面弹了起来，这让他的同事长舒了一口气；或是在飓风桑迪那会儿他和他的工程师在某建筑工地阻止一辆高耸入云的起重机“随风起舞”；他无数次亲手将许多危房送入坟墓，他指了指那些似乎只有在“牙科”才能看到的情境——秩序井然的街道上总有些好像是被“拔了牙”的缝隙，这些地方就是那些曾经的危房所在地。

这个城市充满了希望和凌云壮志，每个人都能以新开始为名义，建造起一个又一个丰碑，而蒂莫西的工作则是跟朝生暮死、破败腐朽打交道。蒂莫西用充满幽默又不失实用性的话语表示，人类的所有弱点都与他的工作领域非常相似，这种领域锻造了他坚韧冷静的性格，但如果任其发展，又可能会让你失望沮丧。

“我们的确会做些让人失望的事。”他说，“但一旦做出决定，每个人就能够继续前进。”

专业知识以及决断力看起来成了在风险面前保护蒂莫西的铠甲，也是他处理风险的关键技能。他的字典里没有黑天鹅一词。是啊，这世界也许充斥着惊喜，但是貌似随机出现的事情也许可以被像蒂莫西先生这样不知疲倦的人所掌控，至少看起来是这样。根据他的哲学来说，风险经得起上下推敲，可以被理解，甚至可以进行预测。蒂莫西习惯自问自答，思维敏捷而果断，这并不仅仅只是对话技巧那么简单，而是深深地发轫于蒂莫西的世界观。

“我觉得人们误解了风险的含义。”他说，“就好像没有问正确的问题，却又在寻找答案。”接着，他把车停在切尔西大街，下车将行李箱里的铁头靴拿出来。

“干这份活费鞋。”他说道。

在29号大街一众世界知名的顶尖建筑物之中，有一处19世纪的四层联栋房。透过前门破碎的窗户往里看，就会看到里面破败不堪：电灯开关悬在电线上头，发黑的墙壁上满是斑驳的痕迹，沙发靠垫肮脏不堪，生锈的楼梯口还放着袋水泥，只有从一瓶黑啤酒和一处十分别致的木质扶栏上，还能看出这座建筑以往的一丝生气。

蒂莫西小心翼翼地进了门。“不，你得待在原地。”他朝我说，然后消失在一片黑暗当中，过了一小会儿，他站在支离破碎的一块木板楼梯上，重新出现在我眼前。在他刚刚走过的这个方向，也就是房子的背面，原本应该有墙的地方却透进来一丝阳光。接着，蒂莫西出现在了台阶前，对我说：“这房子的结构非常脆弱。地板都没了，墙体负载沉重，有些墙体甚至都失踪了。两边没有任何固定物，背面的墙体已经倒塌了。这里可真是‘脆弱’一词的典范。这儿很不结实。我们必须给这座建筑物减减负，减少些楼层。要这么做的话，你得弄台车载式吊车，从上往下一点点地弄。我得从房前开始，因为我觉得如果吊车的转盘滚动起来的话，它会朝着这个方向滚动。”他抬起手指指了指身后的人行道。“没错，我们今天就动工。”

房主就站在前门边。

“一开始，”他似乎是在自言自语地说，“我们觉得是时候给房子装修一下了，但接着——”他没有把话说完。

蒂莫西朝屋主走了过去，说：“该动工了。三天以后这房子就要拆除了。”停了一下，他又说：“就这么办吧。”然后，他摘下安全帽，朝车子走去。

第六章

安全距离的捍卫者

最安全的风险环境，是由专业人士构筑的

我们需要一些具备专业技术的人来处理那些可能事关性命的事情。

要说这世间有比蒂莫西·D. 林奇还要嗜咖啡如命的人，那就非伏尔泰莫属了：这位目光炯炯的哲学家有时一天要喝上50杯咖啡。如果你也这么喝，保管你同样会目光炯然。还有传言说，此人批判盲目乐观主义的《老实人》(*Candide*)，竟然也是出于咖啡因的刺激。更令人难以置信的是，伏尔泰5年之后出版的《哲学词典》(*Dictionnaire Philosophique*)在现如今风雨欲摧的纽约城也找到了知音，有句话还被奉为圭臬：“我们大家都是由弱点和错误塑造成的。我们要彼此原谅我们的愚蠢言行，这就是第一条自然规律。”

大体说来，现在很难去责难一个吁请宽大处理的请求，即便如此悲观的请求，而这正是造就伏尔泰观点的前提。但是，还是请你将目光放回到伏尔泰所说的人性的第二个弱点——失误上。

失误在某些场合中显得无可厚非。毕竟人无完人，大家都知道这一点。如同在普拉斯·马多克垃圾游乐场上玩耍的孩子们一样，每个人在其学习和成长过程当中都会失误。更加值得一提的是，在成人的生活中，正是这些细微失误，证明了我们是人而不是机器，它们有力地展现出我们应对变化以及动手创造的能力。不过，在某些场合中，有些失误不能也不会得到宽容谅解，即便这种失误只是所谓的“搞砸了”，即便失误的误差小到让人难以察觉，这些失误还是会被视为“失之毫厘，谬以千里”，所以我们最好永远都不要犯下这种失误。

阿德里安·多兰就是这么个例子。事实上，他的故事不是一个关于风险的故事，而是有关风险规避的典范。这种风险规避是如此微妙，如此精细，如此系统化，从而创造了一个世界上最安全的风险环境（或最危险的安全环境）。

***

伦敦希思罗机场是全英国最忙碌的机场，也是全世界最繁忙的双航道机场，阿德里安就在这个机场从事航空调度员一职。在这里，平均每天有1350架次飞机起起落落，到了航运高峰时刻，起落架次甚至达到了每小时近百架。从全航空调度界来说，阿德（这儿的人都这么叫他）的工作实属顶尖，好比是在纽约爱乐乐团担任第一小提琴手或是在切尔西俱乐部当前锋一般。

在近87米高的控制塔之下，有一处现代化会议室，门是绿色的，桌子是蓝色的，而阿德就端坐这里，他和蔼可亲，令人信赖，脸孔棱角分明，神情平静，甚至有些克己自制。事实上，如果你期望有人能引导你进入航空旅行，或是让你的出差之行平安落地，那么阿德正是这样的人选。离采访结束还剩下一个小时，之后就该轮到阿德上楼值班了。阿德仔细看了看手腕上的黑色电子手表，然后把它取下来，放在面前的桌上。自从干了这份工作以后，阿德再也没有（也不想）换过其他工作，这是因为他热爱这份工作：

他在青少年时期就迷上了航空。15年前，刚大学毕业的他就接受了NATS（英国国家空运局，负责管理全英国的航空调度）的培训，培训一结束，阿德就被分配到了吞吐量巨大、环境又十分复杂的希思罗机场。

看着平板玻璃窗外，一架架像老太太散步一样来来往往的飞机，阿德开始解释要想成为一名航空调度员是多么不易。首先，有一套严格的筛选及培训过程，每年能把3000名申请者淘汰到只剩20人，而这些人的背景也是纷繁多样。在阿德的团队里，有的曾在客服中心任职，还有人则获得过顶尖的计算机科学学位。而阿德自己则毕业于地理专业，曾在纽卡斯尔机场的登记手续办理处做过暑期兼职。“除去这份工作的详细技能要求之外，”他说道，“我们之间几乎没有任何关联可言。你要么能够胜任这份工作，要么不能。而这就是这份工作让人兴奋的原因。”

这份工作的基本技能有以下几个方面的要求：出众的空间感知能力、可靠的团队合作能力、处理多种信息来源的能力，还有阿德所说的“在最短时间内做出最好的决断”的能力。“这份工作需要临机应变，这也正是我所享受的。你不能犹豫不决，而且你的决定所产生的后果会立马呈现在你的眼前。你可以清楚地看到这一点。”阿德停顿了一下，目光转向窗外，一架波音747正平缓地滑过控制塔。接着，他继续说道：“这也是对你工作的奖赏。”

阿德详细讲起了为期数月的理论学习、数百小时的360度全方位模拟器训练以及历时更久的“实战”训练，他说，通过这些项目可不是轻松的事，不过，倒不必为此殚精竭虑，人们应当反过来思考，毕竟这一套体系是为了防范失误而量身定制的。

他说："你不能直接让学员坐到楼上的控制室里，然后把一些他们已了然于胸的风险交付给他们处理，还期望他们能够'随机应变'。如果你看到我们在祈求好运的话，那就意味着一定是哪里出了问题。"接着他哈哈大笑起来，这倒不是出于好笑，用他自己的话来说，因为这实在有些荒诞不经。

除去个人的随机应变能力，干好这门工作还需要严密的集体警备能力，虽然这种能力在某些场合下可能会滋生办公室的不正之风，但对于航空调度来说，它确实是处理危机的关键所在。要知道，整个培训过程都围绕着连续不断的风险评估而展开的。

"不管你是二十出头、初出茅庐的新人，"阿德说，"还是年过五旬、已任职四十年的老手，每个人都要照应他人。因此，每三个月你就要坐下来谈一谈工作进展，表达一下对某个特定操作流程或是对某个同僚表现的安全评估。我认为，一旦越过了'为什么大家都针对我'这道障碍后，就会知道，大家这么做是因为他们仅仅是'痴迷于'航空安全而已。你还会意识到，大家这么做是无可挑剔的，就应当这么干，并且要坚持到完成最后一班岗。”

工作流程报告也体现出了这种安全机制。阿德将一大部分工作时间都用来写工作报告，当然，他不是一个人在写，有个至少由三人组成的团队会跟他并肩作战。这个过程就像是但丁的《地狱篇》（*Inferno*）和会议中心的结合体：你召唤出所有恶魔，怀着既畏惧又深恶痛绝的心情，进行钻研，然后有条不紊地对自己的潜能进行评分，最后每一个人都齐心协力铲除掉所有恶魔。

阿德是这样形容这个过程的：“我们这儿有许多安全管理委员，每个委员之上又有其他安全管理委员。这是因为我们‘痴迷’于识别风险，一心想要确保整个体系绝对安全无忧。”从普通的用法来看，“痴迷”一词有些贬义，略显病态、不健康，不过放在阿德的话中却别有深意。在航空调度这门行当里，“痴迷”有时是一件好事。“因为，”阿德继续说道，“除非每天的航班减至一个架次，否则希思罗机场就不可能以零风险状态运营。所以事先就得有危机意识，接着逐步将其削减至毫厘之间，然后这个危机最终会从这儿，”阿德用手往自己的头上挥了挥，“降到这儿，”他的手滑落到桌子底下，“因此，即便这个危机的确制造了一些麻烦，也在管控范围之内，跟往常风平浪静时一样，没有什么大不了的。如果真出现了什么问题，调度员也会及时用电话通知或做出其他处理。”

这并不是你希望在进行电梯推销和人套近乎时用到的影片，如果你需要的不是令人紧张的白色幽默，而是能平安抵达波士顿参加会议，或者这个星期就到达地中海沿岸的尼斯，那么这个层面的风险规避正好适合你。的确，作为乘客来说，我们不仅仅是在事实层面需要像阿德这样的人来做这些事情，心理层面也同样需要他这样的人。因为我们无法回避这样一个事实：飞机场满是驯良的人，虽然在其他地方这些人可能会显得飞扬跋扈或是太过自我，而到了机场他们都会暂时放下身段，听命于人，以便能快速地飞往远方。人们顺从地接受一道道安全检查，被一根像撬棍一样的电子检测仪反复扫也不动怒，接着，所有人都被挤压在高科技的“牙膏盒”里，吃的是微波炉加热的火腿卷儿，喝的虽然是平时喜欢喝的汽水饮料，只是分量少得可怜，我们就是在这样一种环境之下呼啸着朝目的地进发。这种把一切处理危机的责任交付给他人的行为才是我们故事的重点。将处理危机的责任交付给阿德里安·多兰这样的专业人士是在你购买机票时所买到的价值之一。他们帮助我们思考安危状况，这样我们才有时间阅读飞机上的杂志，对付那些个不停踢我们靠椅的顽童。

就算把所有空难事故加到一起（例如9·11或者最近的MH370、MH17），商业航班仍旧是最为安全的交通方式，遥遥领先于类似汽车驾驶这种更多由我们自己处理危机的众多交通方式。阿德也承认："危机因素无处不在"，因为总有些"前所未有的事"发生，例如，飞行员也许一不留神将错误信息输入到飞机电脑当中，使得原本应该在起飞后右转的飞机改为向左拐弯，并且由于时值阵风天气，所以要想让飞机保持航线不是一件易事。还有，阿德说就在昨天，"一群大雁呈'V'字形在调度塔前飞来飞去。因此，整个机场的航班不得不延迟三到四分钟。"

不过，虽说这些潜在危险最让航空调度员担心，但是身处危险的倒不是人员的生命，而是调度员们所说的“安全距离”，也就是两架飞行器上下必须间隔300多米、左右也必须间隔5个水平公里的标准。用贝克和吉登斯的话来说就是所谓的“人为危险”。阿德接着说道：“这就是我在工作中的首要处理对象。而不是每天的工作都围绕着避免飞机相撞的事故。飞机之间仅仅隔着数公里，所以我们要确保飞行器之间不会达到安全距离的临界点。就好像把一架飞机置于泡泡当中，而你要做的就是不能让其他飞机飞进这个泡泡里。”

说起来真有些神奇：失误的的确确就在咫尺之间，其本身不可逾越的性质使得它难以为人所理解。一名航空调度员的专业领域在青云之上，不过除此之外，在他们心头再无其他杂念。这就是问题的关键所在。

在现实情境里，这种对“消除危险”的着迷因为科技的加入而变得焕然一新。阿德预测说：“如果再往后挪15年，”许多他现在所做的决定将由机器自行发出。事实上，已经有一种运用“协同决策”的算法来帮助命令所有航班以最安全、最迅捷的方式降落。“有这样一个乌托邦式的梦想，”阿德边说边“按下”桌子上一个想象中的按钮，“那就是你一按这个按钮，所有航班都会按照既定计划起降。不过这只是未来的设想，因为整个过程还受限于人为因素，例如有乘客没能及时到达登机口啦，机场大巴抛锚啦，或是飞机加不进油啦等情况。但是这个想法是每个人为之奋斗的目标，而且我们已经朝着这个方向努力了。不过，要想把人为因素剔除出去的话，”——他看了看窗外，一名身着工作夹克的机场人员正推着一架手推车经过调度塔——“我可不认为我们这一代就能够完成这项壮举。我觉得这主要是因为，对于乘客来说，他们更倾向于让人类保留一些掌控的权力，这都是为了以防万一。”他说得很对；我们需要一些具备专业技术的人来处理那些可能事关性命的事情。

这种“我为人人”的责任感加上强迫性的风险规避意识，可能会使人陷入高度紧张的状态。因此，诚如阿德所言，我们还需要最后一种“技能”，每个优秀的航空调度员都能熟练地掌握这个技能，也就是一种“超强至极的断线”能力。“你应当有巨大的断线能力。因为人们会问你，‘数以千计的人命攥在你手里是什么感觉？’但是我们从来没有这样想过这个问题。有一次我和另一名调度员外出办事，有个人问他：‘能不能形容一下您的工作呢？’你猜他怎么回答？他回答说：‘就像是进出口一根根铝管。’而这恰恰跟我们的真实工作没有什么两样。因为如果你开始问自己‘噢！老天！飞机上的儿童该怎么办’的时候，你的工作还会像以往一样充满效率吗？反正我是不会这么想的。所以，你需要把你自己同这些想法隔离开来。我们是这么看问题的，例如，飞机的型号是波音747，目的地是肯尼迪国际机场，由于采用的是康普顿航线，因此飞行线路是一条直线。飞机一开始以250海里的时速飞行，在FL370的飞行高度上翱翔，我需要做的是将这些数据传递给相关部门。就这么简单。飞机在我们眼中真的不过就是一根铝管而已。”

就是这样，一个调度员在面对日常工作的方方面

面时，要不断去粗取精，使得每个航空通讯都精简成为误差检查措施过程，不带任何感情色彩。阿德和他的同事与飞行员通话，可不会说“噢，你好啊，你感觉怎么样？出发去纽约？哇，很棒啊。周末呢？”这样的话。阿德忍不住放声大笑：“这样的对话实在是太古怪了，事实上我们会说‘哦，我现在正同汉莎航空对讲’或是‘我正向法国航空对讲’，他们不会说自己‘在向法国航空的某个飞行员对讲’。你是在跟整个飞机航班对话，然后这个飞机会向你反馈信息。就好比你是在跟一架机器而不是机器上的人对话。”

“就到这里吧。”阿德微微一笑，拿起桌上的手表对我说，“我得上去工作了。”

***

在对阿德里安·多兰的采访当中，他绝口不提“事故”一词，这颇为有趣，让人觉得也许事出有因。不过，这倒不是某种禁忌或是禁令。相反，就我们所知，对可能出现的问题进行长期而又紧密的关注，这正是阿德的饭碗。也许正因为如此，在他的世界里，所谓的“意外”发生的概率及其不可预测性，都被控制到了最低点。事实上，“事故”一词源于拉丁文“accidere”，意为“意外、失控”。在中世纪时，这个词在引入英语的过程中被赋予了另一层含义——“偶然发生”。过了一两百年之后，这个词表达的不再仅仅只是所谓的“偶然发生”，更多的时候则意味着“灾难”。

不过，无论概率如何，总有事故发生，不是吗？在20世纪80年代早期，美国著名社会学家查尔斯·佩罗（Charles Perrow）就在探寻类似三里岛这样的核泄漏事故的爆发原因。但他并没有把目光放在人为失误、差错或是日常的交通事故之中；相反，他的切入点在于复杂技术系统中那些具有破坏性的大规模系统失灵。他的理论指出，像三里岛这种层次严密、系统精细的核电站，实际上也存有内在弱点，即便是系统中某部分的细微误差，也会以不可预知的方式串联出其他故障，最终导致灾难性后果。佩罗还认为，这种事故的发生绝非偶然，是一种根本性的设计失当。用他的话来说，事故实属“正常”，有时甚至难以避免。

正常事故理论虽然颇具影响力，但仍不失为一种悲观信条，有点像是用科学方式来再度演绎伏尔泰有关弱点和失误的观点。也许总有一天，某些人（例如加州大学伯克利分校的一小部分心理学家以及政治学者）会用乐观而非悲观的视角看待这个问题。这些乐观分子可能会言辞激烈地辩称，并非所有高风险技术系统都缺乏应变能力；事实上，某些系统在这方面做得相当优异。看看航空母舰上的安全记录吧！或者看看航空调度的安全记录吧！再想想看，每天有多少可能发生的灾难，最终没有发生？最后，他们还创造了一套理论，来解释这些“高度可靠性组织的习惯

（HROs）”是如何运行的。事实上，类似于希思罗机场航空调度部门这样的组织会依靠科技和一套复杂程序来规避风险。这套由科技与程序相结合的组合拳，复杂就复杂在它们假定整套系统失效的可能性非常之高，以至于实际上又客观杜绝了失误的发生，原因就在于它们必须每次都以正确无误的方式运行，所以必须靠得住。

这些 HROs 在各自的组织形式当中具有共同点，而这正是最吸引人的地方。对比“高度可信赖人士的七种习惯”，我们可以发现，所有 HROs 都有品质优异的员工团队和不断精进的培训实习；他们都有一套充满激辩的日常工作表现审计会议，这种工作环境下的会议不会拘泥于形式，也不会受到毫无益处的等级制度的阻碍；他们有一种让某位研究者称为“集体意识”的思想，员工会“时常”为可能发生的故障“忧心忡忡”，每个人都会竭尽所能，确保意外不会发生，每个人都有个人问责的精神。简而言之，他们展现出了最让人信服的“风险智慧”。

希思罗机场控制塔调度室高高地耸立在84米塔身之上，从地平面一下子升到这个高度会让人耳鸣难耐。接着，映入眼帘的是一道黄色大门，里面就是阿德和其他六名调度员工作的一方天地，摆放着各种高科技仪器。气氛安静得有些像水族馆。你甚至都能听到鞋子踩在地毯上发出类似于足球滚动的声音，调度员用低沉的声音用耳麦对讲，间或传来幽默的俏皮话。圆形大厅内零星地摆放着热天用的大号风扇，大厅外围四周的染色玻璃让人联想起外交车辆的玻璃。大多数调度员都身着T恤和牛仔裤，一名女子身着羊毛衫和裙子，一名年长者穿着轻便上衣，另一名比他年轻很多的男子则身着运动衣，背面还有“NYC”的字样。他们两两相坐，头戴耳机，面前深蓝色的长桌上摆放着各式显示屏和电话。广角式控制显示屏上用灰色和黄色将机场的林林总总都标画出来，上面的标记上写着UA47、JAL43、BAW436或是AA51的字样，代表着各式航班在调度塔外那洒满阳光的沥青道上起起降降。在调度室中央的高台上有两名调度员，一名负责机场南面跑道上将要起飞的航班，另一名则负责机场另一边跑道上即将降落的航班。其他调度员则在阿德的监督下，各自管理着机场内约160架航班。一名身着花呢T恤的男子刚刚值完班。他扛起一包数据袋，对阿德说："这么好的天气，是该去后院里修剪下花花草草呢，还是该坐在这办公室里呢？"阿德正端坐在桌前，用手里的黑色派克笔朝虚拟航班进度条比画着，然后笑着低声回答了一句"再会"，眼睛仍寸步不离地注视着塔下的机场。

地平线之外，伦敦市中心各种各样的建筑物呈现出状似心电图一般的灰色轮廓。北面，温莎城堡矗立在乌云之下，怎么看都不像是巴洛克风景画的景观。从调度塔的高度往下看，整个机场都奇怪地变得小巧起来：绿草地变成了绘有几何图案的绿色粗呢毯，沥青跑道好似成了遍布亮黄色线条的黑板，而这些黄色线条在航站楼、导风管与维护塔架之间划分出条条道路。从高处往下看，塔下的飞机好似触手可及，机背在阳光下闪闪发亮。你甚至有种冲动，想要用手拿起一架飞机，将其送上蓝天。一个身着橙色工作服的细小身影正朝着一辆蓝色牵引车走去，车后还拖着一辆装满草料的拖车；接着，他开车前往下一处工作地点。遥看天际，午后刚过，然而朝调度塔飞来的飞机航班却闪闪发光，有如繁星点点。

“现在你明白我所说的‘断线’是什么意思了吧？”阿德抬起头来问我，“这里的一切就好似孩童的套装玩具一般，不是吗？”

我不由得深表赞同。

第七章

盲姑娘的滑雪梦

风险和希望就在一念间，你必须倾尽全力

也许上帝的确是关上了一扇门，而我决定通过自己的努力将它重新开启。

“你时不时就会犯错，不是吗？”

“什么样的错？”

“好吧，我来举个例子。2011年8月。那次我划破了自己的脸。”

“你划破了自己的脸？”

“是啊，我当时正跟夏洛特在新西兰滑雪，可我在刹那之间做出了错误的决断。当时有个滑雪板横在路中间，我没法像夏洛特那样绕过障碍。但我又没法叫她停下来。所以，我改变了方向。在一般的滑雪场，路边一般只是一张安全网而没有额外的边绳。结果我的左脸撞在了边绳上。绳子划伤了我的上颌。那场面真是不堪回首：鲜血四溅，我心想这回完蛋了。

夏洛特对此自责不已，还叫人在遍布血迹的雪地中找寻我脱落的牙齿。”

“你的牙？”

“当时我的牙齿并未脱落，但磕得不轻，所以那会儿大家都以为我的牙掉了。真是太惨啦！不过，现在你是看不出来有什么异样了，那次的颌骨手术真是太棒了。”

接着，凯丽·加拉格尔微微一笑，在她美观而整齐的皓齿中，只是前排的一颗牙齿略微有一点点儿缺损。

***

凯丽是一名职业的高山滑雪手，她在运动中多次受伤，把脸划破的那次事故只是其中一次。就在那次被绳索割伤血染雪场的一年后，她又不慎在奥地利山区从直升机上摔了下来，结果擦伤了脊椎，脑震荡很严重。

不管是谈到夜游还是把上颌摔成两半，凯丽都侃侃而谈，她说：“我们这个行当充满了风险。”我们谈到有哪些人在雪地里摔伤了背部，她就掰起手指算起来，有提姆、安娜、肖恩，还有罗塞尔。“我十分清楚，这些人的人生从此天翻地覆。这就是风险。不过实际的滑雪过程又能带给你快乐；而且，既然我找到了快乐的源泉，那为什么不好好享受呢？我们大家不都应该少些畏缩，多些洒脱吗？从某种角度来说，这就是我们的座右铭。”

如果换成航空调度这一工作，凯丽这番话可绝不会被奉为圭臬。但是，这也并不意味着她的话完全站不住脚。与之恰恰相反的是，“少些畏缩，多些洒脱”正是凯丽应对风险的关键所在。

我们坐在距离凯丽位于唐郡班格尔城的家不远的地方，在这儿能俯视贝尔法斯特湖和远处郁郁葱葱的山峦。凯丽一边啜着花草茶、吃着小松饼，一边极富说服力地向我解释，所谓的“高度可靠”在她的世界里不过是一纸空言。她的逻辑时常异于常人，你会发觉自己愣了好久才会对此表示质疑，一来在于她说起话来语速惊人、词汇丰富；二来则是因为她会不停挥着染有深红色指甲油的双手，使你不由得感受到她的话语中所透露出的坚定立场。只有在谈到为数不多的几个人时，凯丽才会稍稍放缓语速，这其中就包括她十分敬爱的父亲——一位客机飞行员，在2012年去世了。“他是一个充满智慧的人。”她说，“我巴不得每件事都能询问他的意见。”不过，即使是最为家长制的家庭，也会对家庭成员可能遇到的个人危险束手无策。要知道，他们父女一个面对的是高度小心谨慎的商务航空界，另一个面对的是职业滑雪运动界，这二者实在是天差地别。

“以前，我与父亲就这个话题聊过很多次。”凯丽吞下了一口松饼，边在松饼上涂抹果酱边说，“他总是不理解我为什么会在某些比赛中摔跟头。因为就他而言，飞机的冲力是有限的，即便是超越了这个冲力，你也会明白将要发生什么——飞机要熄火了，接着会开始打转。他那时好像就在不断地说‘为什么你要把自己推得比你知道的还要远呢？’‘每当飞机要降落的时候，我都清楚地知道那将是什么类型的着陆’。”凯丽向前倾了倾身子，刻意压低了声音，她很清楚接下来要说些离经叛道的话，“那时我就在想，会不会是运气在作祟？”她笑着说道，“对滑雪来说，你总是在不断加速前进。你会毫无保留地将自己的控制能力发挥到极限，因为不这么做就赢不了。”

如果用一个词来形容凯丽·加拉格尔的话，那就是好胜。还有一点值得注意的是，她是一名盲人。

凯丽天生就遗传有眼皮肤白化病，这种疾病会影响眼睛、皮肤以及毛发的黑色素生成，对凯丽而言，这意味着严重的视觉残疾。她虽然能看见东西，但用她自己的话来说就是“看不清楚”。“并不是说我看东西时模糊不清，”她说，“在我看来，光线总是太强，而我压根分辨不出眼前有什么东西。”凯丽说，如果看到一个人或一处地点时，她只能通过“几大块特有的色彩”来区分它们。她的世界并非一团漆黑，而是光线太过明亮刺眼了。

这就意味着凯丽在山坡上滑雪时必须有个视力良好的前导员跟随，那天帮凯丽在雪地中寻找牙齿的滑雪运动员夏洛特·伊万斯在过去四年中就一直为凯丽充当这一角色。夏洛特在前领航时会围着一条亮橙色围巾，通过蓝牙耳机与凯丽对话，后者则以不低于100公里的时速跟着前方那团“橙色物体”朝山下

滑行。听起来很简单，可事实并非如此。这是因为随着两人速度不断突破极限，她们各自的速度、队列以及间距都需要不断进行同步调整。凯丽和夏洛特在面对危机时，必须共同担当，绝对不能有极限运动所特有的个人英雄主义。他们的合作关系很复杂，建立在高度互惠互利的责任感之上，二人皆言辞犀利但很坦诚，会就一个目标不断协商交流，互相信任，并进行了大量的实践和沟通。所有这些都太激烈了，并不能像友谊那样让人平静，但凯丽说，“我非常关心夏洛特。就像亲姐妹一样，你明白吗？”

随着与凯丽谈话的深入，你就能愈发觉得她的滑雪运动生涯并未因眼盲而改变，改变的是其他生活细节。孩童时期，凯丽就读于班格尔的一所小学，当时她的老师对待一名视力残疾儿童所采取的做法是她所不愿接受的。

“我想像其他孩子一样外出玩耍，不过他们在做了一番风险评估后认为，让一个视力残疾的小女孩跟一大帮子孩童在操场玩，容易磕磕绊绊。所以，我只得跟那些耳部有感染症状的孩子待在教室里。我觉得，这实在是太糟糕了。因为我不想要特殊待遇。即便我没有视力障碍，我的性格也会是如此。总有些我想做却又必须单独做的事，而滑雪恰好是其中之一。”

虽说思想的形成需要一生的打磨，但对凯丽来说，滑雪几乎是以一种意外的方式进入她的世界的。有一天，17岁的凯丽随家人度假，在她尝试着滑雪过后，立马就着了迷。此后，在大学念数学专业的凯丽也会经常利用假期与好友滑雪，他们会用一个钻石形状的队列将凯丽安全地保护在中间。凯丽发现，自己也能滑得很快，有时就跟飞起来一样。提到这些，凯丽的脸上还是忍不住洋溢着灿烂的笑容。2007年，凯丽申请加入英国残疾人滑雪队，次年正式入队。2009年，凯丽辞去公务员职务，雇了一名全职向导，出乎所有人意料的是，二人双双被接纳成为伦敦残奥会队员。凯丽说，选择滑雪实属一时兴起，过程则“十分无忧无虑”。“这就好像是，‘好吧，我想尝试一下，看看会怎么样’。”一路走来，质疑的声音不绝于耳，人们会说她并没有那么优秀，会说她年龄太大，经验不足，等等。“但是对我来说，”她回应说，“这并未改变我在最初尝试这项运动时的初衷。也许上帝的确是关上了一扇门，而我决定通过自己的努力将它重新开启。”

DOSPERT 里曾生动地展示了风险和价值间的相互关系，对于凯丽来说，风险就意味着脑震荡、韧带撕裂和背部损伤。它意味着将你的梦想、尊严置于险境，冒着令人痛苦的尴尬危险，教导自己要“少些畏缩，多些洒脱”。

“我猜，你也不想被别人当成傻子吧。”凯丽说，

“要是搁在2009年，如果我认为自己有可能成为残奥会冠军，人们就会把我当成傻子。的确，从概率上来看，这个梦想滑稽而愚蠢。但如果你真的了解我的信念，你就不会再打赌逞强了。不过，”她用手比画了一下那些看衰者，“他们并不知道你会愿意为目标倾尽全力，难道不是吗？”

事实上，身体和声名两方面的风险在这里交织到了一起，在这种情况里，没有所谓的心理测试能够丈量这种风险。凯丽伤病康复的经历（尤其是2012年的那次脑震荡）恰好印证了多蕾西·吉尔伯特的话：“身体上的缺陷可以触发精神上的种种危险。”“你渐渐失去了信心，而信心是我与命运抗争的武器。我要说，最大的风险莫过于此：你不再相信自己，接着你会这样想，‘我不想受伤’，这对于我们这些视觉障碍运动员来说可再现实不过了。我们会跟坐轮椅的人同场竞技，因此你会对自己说，‘我可不想把自己伤成这样’。但是，所有风险或是恐惧并不止于此。实际上，这是一种对失败的恐惧。”

克服这种恐惧的感受就好似经历了愉悦感的最高

潮——或者最低潮一样。对凯丽来说，这种感觉不同于肾上腺的冲击，即使运动速度过快会让她觉得恶心。它是一种控制感，一种征服滑雪板的感觉，“就好像把这一方滑板注入生命，驾驶它滑下山坡，与其说它是在滑行，倒不如说它是在冰雪上雕刻。这就是你不断追求的感觉与乐趣。”那么，获得这种成就感，更多是仰仗勇气还是技术呢？凯丽回答：“我认为，一切都在于勇气。毕竟技术早已不是问题了。”

***

威廉·詹姆斯是一位美国哲学家兼早期心理学家，也是亨利·詹姆斯的哥哥。1895年5月，当时还是教授的威廉在哈佛大学基督教青年协会中发表演讲。如果以学生时代所面临的焦虑和存在主义的低沉情绪来看，演讲的题目着实发人深省：生活值得我们坚持到底吗？根据詹姆斯的说法，这个问题的答案很简单，就是“值得”，不过，要达成这个鼓舞人心的结论可不容易，我们需要对冒险问题再次进行鼓舞人心的探讨。

詹姆斯的早期理论聚焦在对思想机能的研究上，

这种功能不同于思想对真相的镜像反射或扭曲，而是思想的本质作用。诚然，对詹姆斯来说，思想的意义在于充当理清思路的工具，并告诉人们：要去做什么和如何去做，就像是为灵魂所打造的瑞士军刀一样。这么说来，在一个充满未知、充满詹姆斯所说的各种“可能性”的世界里，使人信心陡增或承担风险的乐观精神尤为有益。

“胜利并非唾手可得。”詹姆斯在大庭广众之下宣称，“必胜的决心以及积极的意志有可能带来胜利，也有可能不会……不论是慷慨的举动、科学的研究实验或是教科书的教导，都有可能酿成大错。只有通过一个接一个的冒险行为，人们才能‘真正’活着。很多时候，我们事先所抱有的信念才是实现梦想的不二法门……因此，不要再害怕生活。请相信生活值得我们坚持到底，而你的信念将使这个真理不言自明。”

***

今天是凯丽·加拉格尔重回体育馆的日子，两个月前，她和夏洛特在众星云集的索契冬季残奥会

上奋勇夺金。在北爱尔兰体育学院，全区的职业运动员、奥林匹克运动员以及残奥会运动员齐聚于此，整齐划一。凯丽以前每周训练五天，就像个全职运动员一样，训练也是周而复始、从未停歇。但这两个月她没有出现在欧洲滑雪场上。“我都海吃海喝两个多月了，”她向教练说，“你猜怎么着？我一点儿都不觉得羞愧。”她带来了那枚镶有黄金和玻璃的金牌，并向大家伙展示，整个体育馆顿时热闹起来。“女王看过这枚金牌，”她滔滔不绝地说，“爱尔兰总统也看过呢！”

当然，告别了体育馆，人生还有许多曲折道路，体能训练或纯粹的性格力量都无法将之征服。就在索契冬奥会开幕的一年半之前，凯丽汲取了一个深刻教训，这个教训无关所谓的精英体育，却与尽人皆知的经验有关。

在2012年那次奥地利之行不慎摔成脑震荡之后，凯丽回到北爱尔兰家中养伤。就在这个当头，她父亲被诊断出癌症复发——两年前，他才刚刚征服了眼部癌症。医生说她父亲还有一年的寿命，但六个星期后他就去世了。对于凯丽来说，不论是当时还是现在，这都难以接受。

“我曾是父亲的掌上明珠。”她说，“我真希望得癌症去世的人是我而不是他。我从未见过有人在被告之无望的情况下还如此努力地抗争。即便他失败了，但他至少尝试过，所以我并不为此遗憾。你知道吗？风险和希望往往在一念之间，你必须倾尽所有、拼尽全力。因为我发现，纵使是毫无希望可言，纵使事情的进展与设想大相径庭，依旧应当全情投入，继续坚持，因为，”她顿了顿，“除此之外，还能做些什么呢？”

事实上，正是这种看似残忍的体悟促使凯丽在索契赢得金牌。虽然，她和夏洛特在第一天的山坡竞速赛中表现不佳，排名末位，两人甚至在下午痛哭了一场。可第二天要在超级大回转赛道比赛，凯丽讲到这里禁不住说：“我知道这真是糟透了，索性破罐子破摔，没准我俩还能绝地逢生。因为把所有可能都想象了一遍，就不会再有意外发生了。也许，人生要么就是白驹过隙，要么就是漫漫无期，这取决于是否能抓住机会，而机会恰恰又是稍纵即逝的。因此，我们决定安心滑雪，抛弃任何顾虑。后来我们一举拿下了金牌。”

顿了顿，她重新提起了那一句“少些畏缩，多些洒脱”，听来正好证实了威廉·詹姆斯有关自信力的观点，“我们就应该在那儿夺取金牌。这感觉真棒。”

第八章

精算可能的未来

合理运用数字，寻找合适的生活方式

要想在当今社会上立足，一定得掌握处理数字和规模的方法。否则，就可能会被某些人操控于股掌之中。

在贝尔法斯特体育盛典结束几个星期之后，凯丽·加拉格尔在2014年女王寿诞授勋仪式上获颁英帝国勋章，而统计学家大卫·斯皮革豪特则在同一天被授予了骑士勋爵。不过，后者授勋倒不是因为他承担过何种风险，他的贡献在于帮助人们理解风险。

虽然身为剑桥大学大众风险理解项目的教授，大卫·斯皮革豪特也时常对自己书中的结论表示怀疑。在给本书作者发来的电子邮件中，他表示很担心在“那群用各自的人生干实事的人”中，自己是否会显得“格外乏善可陈”。现如今，在一些人看来，没什么比把整个人生都投入到学术当中更加乏味的了。不过，斯皮革豪特绝非浪得虚名，事实上，本书充分参考了他对统计学方法论的贡献以及其对在更广泛的世界中传播风险的影响。每个人生活的方方面面都充斥着风险，每个人都在绞尽脑汁地盼望着能够掌控风险，这也许是为什么人们应该对斯皮革豪特的理论略知一二的原因。他在职业生涯里经历过如下重要事件：他领导公共统计学家，调查了诸如布里斯托尔儿童心脏病丑闻和哈罗德·希普曼的连环谋杀案；参与研发了广为传播的统计软件——WinBUGS，过去十年中在数学界和统计学界引用量排名第三的论文就诞生自这款软件；他同时还是一众专家顾问团的成员，研究领域包罗万象，既包括隆胸手术的安全率，也有火山灰云的发生概率；对了，还有更加值得称道的荣誉，比如英国皇家学会、大英帝国勋章以及货真价实的骑士勋爵。不过，斯皮革豪特这个自嘲的“乏味之人”为何会接受这些官方赞誉，原因尚不得而知。

此外，他的生活可与所谓的“乏善可陈”挨不上边儿：一个阳光明媚的早晨，他坐在自己那充盈着各种书籍的办公室里，里头有一张写满了等式、图表的黑板，考试卷堆积如山，桌上的咖啡杯里空空如也。他活力充沛，好似一名学生，一点儿也不符合人们的刻板印象：统计学家就应当是身着灰衣，会说脏话和奇怪笑话的“灰衣主教”。不过，大卫·斯皮革豪特同样乐于投身于自己的专业以及这份特殊的教授之职。值得一提的是，在被问及最为骄傲的成就是什么，身为英国勋章得主和皇家学会成员的大卫·斯皮革豪特爵士却列举了如下两个例子：

“我为自己能够成为一名投身公众事业的统计学者而感到自豪。”他说，“因为在过去，从事这个行业的人都身着灰色制服，坐在办公室后排，不动声色，一言不发，但我认为统计学家不应该是这副模样。我认为，风险和统计学都是数学在实际生活领域的前沿阵线，如果人们讨论数字和统计学之间的成见能够因我而发生改变的话，那我就再自豪不过了。但是，你大概还不知道我最为自豪的事情吧？那就是我参与《冬季大作战》(*Winter Wipeout*)的经历。”短暂的沉默之后，他接着说道，“你在《冬季大作战》上没看到我？我找来给你看看。因为那次经历可是充满了不折不扣的风险。原先我还担心会搞砸，不过事实证明节目相当不错。”

接着，我俩禁不住大笑起来，然后在 Youtube 上花了两分钟时间观看了这期名为《教授大冒险》的节目回放。只见斯皮革豪特身着学位服、头戴学位帽，在冰天雪地的障碍跑道上飞驰，甚至还踏着滑雪板在结了冰的游泳池上打转。

“这就是为什么我愿意变老。”他说，仍止不住哈哈大笑，“虽然在我个人而言，我会变得愈加谨慎；但在社会上我变得愈发大胆，敢拿自己的名誉去冒险。每当我获得荣誉的时候，我就想，真不赖啊，又有机会做些更加疯狂的事了。”

不过斯皮革豪特的公众身份也有严肃的一面，远远地超越了他所参加的任何娱乐秀。作为知名博客的博主、数份报纸和杂志的专栏作者、上百个纪录片和公开课的主讲，他致力于一视同仁地将自身的心得体会分享给更多的人。他这么做倒不是仅仅出于对晦涩的学术科目的热爱，还因为他衷心认为教育人们理解风险一事迫在眉睫。他认为，所有通过大脑做出的决定，小到口腹之欲，大到政治政策，都有赖于风险意识，而掌握相关风险信息的人应当用更为负责、更容易让人理解的方式将其汇报出来。换句话说，当我们谈论风险时，我们不仅在谈论风险本身，我们还在讨论处理风险的重要性。

这是因为，我们与风险关系的复杂动态在于我们应该如何做出风险决策（理性地、明智地）和我们想要如何做出风险决策（感性地、本能地）的机制之间，存在不匹配。人类面对未知，就会有一大串偏见和谬论迸发出来，就连教授也不能幸免，比如说，他乘飞机会紧张焦虑，也要面对每个六十来岁的长者都要经历的问题：该不该服用抑制素来控制胆固醇指数？

不过，大卫的中心论点非常明确：我们不能（或者说没法）对每件事情都了若指掌，因此当我们需要做出决定时，往往被这种不安的情绪所压制，但通过运用数字运算的方法，可以抵消这种负面情绪。数字可以用来表示多元可能性，帮助我们架构出未知事物的轮廓，进而使我们在一番思量过后找到合适的生活方式。当然，在大卫眼中，要想智慧地处理风险，人们还得掌握一定程度的统计学知识。找到应该承担或不应该承担的风险固然重要，但同时还要学会保护自己，免受多种“普通谎言、弥天大谎以及统计数据”滥用的影响。

“我坚信，”大卫一边把玩着自己的眼镜，一边说道，神情格外平静，“如果当真在意数字，它们就可以影响人的情绪，也就是人的感性反应，而这就是我感兴趣的地方。这一点十分重要，因为我认为，要想在当今社会上立足，一定得掌握处理数字和规模的方法。否则，就可能会被某些人操控于股掌之中，我所说的不仅仅是那些政客，还包括那些兜售这兜售那的人，比如向你推销保险的银行啦，慈善机构啦，还有更糟的，比如那些想向你抛售观点的人，例如报纸。他们会说：‘哇，你这么做可真是太危险啦’，或者‘哇，你就没为自己的小命着想吗’。而你则需要有批判精神，这是成为一个合格公民的基础，我工作的目的也在于此。”

不过对于我们这些风险统计学的“消费者”来说，即便是获取了相关信息，也能算出风险与收益间的偏离率或能在消极的环境当中找到积极因素，但在理

解我们每个个体与统计学中纷繁数字之间的关系时，我们仍有可能感到不知所措，就好像是1跟100或是1跟1000之间的关系一样。我们如何在本质多元化与我们自身强烈的“奇点”之间实现调和呢？帕特里克·马克格哈恩（Patrick McGoohan）在《囚徒》（*The Prisoner*）一书中曾掷地有声地呐喊过：“我不是干巴巴的数字！我是自由人！”这就是我们的本能情绪，也正是因为这样，我们时常会对那些本该引起我们注意的有效的统计数据视而不见。

“好吧，这的确太复杂了。”斯皮革豪特充满歉意地说道，“我很难用简单而又富于哲理的道理告诉你，我将如何把自己的理念传递给普通大众。不过我认为，我有办法绕过这一难题，我自己就曾经亲身试用过这个方法，而我一生的理想也就在于将这一理念用平白朴实的话语传承下来——这就是所谓的‘多元未来’概念。”斯皮革豪特转过身来面向黑板，黑板上满是贝叶斯公式和各式图表，他开始描绘大量的笑脸和哭脸，用这些图画来分别表现好或不好的未来前景。“关键在于出现这些未来情境的可能性并不相互等同，”他边画边说，“麻烦就在于焦虑的人会过度执拗于可能发生的最坏情境，”斯皮革豪特用手中的粉笔点了点其中一个哭脸，“因此，我们需要指引他们意识到，其实还有更多笑脸在等着他们。明白这一点，就不再需要权衡再三。显然，如果哭脸太多的话，”他再次转过身去点了点哭脸，“那么，你别那么做就好了；或者说，规避好风险。”

斯皮革豪特转回身来微微一笑，他的脸好似融入了黑板上以一众笑脸和哭脸所表示的不确定性的未来前景。

“因此，这就好似一个比喻一样，”他说，“我的意思是，因为每个分子和每个原子无时无刻不在变化当中，因此多元未来的存在是数也数不清的，而对于我来说，这就是驱动人们跳出对统计学的成见以及超越过去对自己的认识，进而决定自身未来的动力，这就是风险的本来面目。在过去，万事万物不过是一个个比率而已。而到了未来，它们就成了以判断为基础的种种风险。”

黑板上用粉笔画的脸庞既可爱，又引人深思。从这些面庞里，你似乎能够立马看到卢克莱修和尼采；看到贝克和吉登斯所描写的风险社会和 DOSPERT 量表；看到塔勒布的“黑天鹅理论”和对应的“高可靠性”模型；甚至看到了伏尔泰对“在所有可能的世界中最好的世界”的强烈怀疑以及威廉·詹姆斯的崇高的信仰飞跃。他们以笑脸或是哭脸的方式汇聚在这里，汇聚在大卫·斯皮格豪特教授的黑板上。

***

我和大卫·斯皮格豪特的会晤从《冬季大作战》的视频开始，最后以一个严肃的问题结束。我请他说说最敬重的冒险者是谁，教授的回答虽然有悖于那个有关笑脸和哭脸的逻辑，却开启了一个超越单纯数字的世界。

“我最钦佩的人，”他说，“是那些红十字和无国界医生，他们因为职业所需，冒着各种各样的风险挺身前往不同的环境。他们所面临的危险不仅影响着他们的身体，其心理也面临着巨大风险，因为他们要直面那些受苦受难的民众。我个人并不想从事这种工作，我的孩子们不愿意目睹惨状，为了这样的心理负担，他们没有子承父业，对此我颇感欣慰。重点在于，我们似乎倾向于把关注点聚焦在致命的风险上，而这些风险或大喜或大悲。”他用手指指了指身后的黑板，“但事实上大悲大喜之间还有巨大的空间。所以我打心底钦佩这些人，因为总要有人做这些事，这已经超越了承担风险的范畴，难道不是吗？”

第九章

国际援助者的智慧

遵循命运，把注意力放在能够改善的事情上

人类并非是为了掌控风险而活，而是为了懂得与风险共存还要活得精彩。

和大卫·斯皮革豪特的这次邂逅经历多少让我有点儿紧张，毕竟他一直在使用统计学观点，来服务于他那充满社论性的观点。希望我的运气也不错吧。根据援助人员安全数据库的数据来看，过去五年中于阿富汗执行人道主义工作的风险程度位居全球之首。

据报道称，在阿富汗，从2010年到2012年，针对援助人员的暴力事件（例如谋杀、绑架以及严重的人身伤害）至少是全球其他地方类似事件的两倍。不仅如此，纵观全球，暴力事件的数字也在稳步蹿升。更加值得一提的是，以上数据还不包括非暴力性质的危险。相比于更具新闻价值的直接暴力来说，有关非暴力式危险的数据虽然少之又少，但绝不能低估它对人道主义工作者的威胁；比如道路交通事故（人道主义工作的一大梦魇），比如剑桥教授大卫·斯皮革豪特强烈关注的身心健康问题。

也就是说，援助本就是高危职业，再加上要在阿富汗执行任务，这二者组合在一起，简直就是对“风险”一词最精湛的诠释。不过，几乎所有人都会说，这种风险是值得承担的，而且，它对于我们当今世界的发展有着至关重要的意义。对于那些生活在水深火热当中的人，我们需要用人道主义来把我们的同情凝聚成共同责任，帮助他们走出死亡的阴影。不过，这可不是所有人都能胜任的工作，更别提是要在战火纷飞的阿富汗核心地带工作了。

但是这份工作对克里斯蒂安·舒来说再合适不过。这位来自德国威滕的儿科医生目前效命于德国红十字会，他的国际任务履历相当丰富，诸如2013年菲律宾遭台风海燕肆虐、2010年海地大地震、2004年津巴布韦疟疾横行等灾害性事件中，都有他参与救助的身影。而在2009到2011年的14个月里，他还在阿富汗坎大哈的一家红十字组织援建医院中担任儿科护师。不过当你问他是不是靠冒险谋生时，他会用奇怪的目光看着你，满心以为你疯了。

他字斟句酌地回答说："我绝对不会将我个人或我的团队推入毫无必要的危险情境当中。"

"好吧，那你天生是个谨慎的人吗？"

"是的。"

"所有情况下都是如此？"

"如果可以的话，你大可认为我不是一个意气用事的人。"他一边说，一边看了看他手中盛满黑咖啡的杯子，"你知道吗，我可绝不会去蹦极。"他的脸上浮现出一丝微笑，"好吧，八成，或者七成，我是个遵从理智的人。因此，对于我要做的事，我始终都会想清楚好处和坏处。当然啦，有些风险前途难测，也需要我们做出抉择。这时候，你就得和其他人讨论并对负面影响出现的概率做出决断，然后思考积极的回报有多么丰厚，这会是一个漫长的过程。但是，要知道这世间有两种所谓的安全：百分之百的安全和百分之九十五的安全。如果所有人都认为值得为那遗失的百分之五冒次险，那么，去阿富汗拯救十名病患的生命这种事情，就值得一做了。”

“你会在心中拿捏风险的尺度吗？”

“不，实际上我是在跟自己的理智谈判，”克里斯蒂安说，“这个风险值得吗？然后我再决定值得还是不值得。”他抓了抓手指，“这些都是下意识的。接着，我会仔细考虑这件事。我会退回到理性的角度看问题，这么做也是为了站在更高的位置上纵观全局，考虑十秒、三十秒抑或是整整一分钟，来做出计划。的确，这个风险评估的过程很快，但并不是一时的心血来潮。”

克里斯蒂安的这一番话可谓是缓慢思考的范例。丹尼尔·卡内曼匠心独运地将人类大脑的思考分成两个系统：系统一（快速思考）由冲动、直觉和情感驱动；系统二（也就是缓慢思考）则由思考、计算和选择组成。有理由相信，要成为像克里斯蒂安这样的人道主义援助者，需要熟练地兼顾这两套思考系统，这就是说，既要顾及自己内心中迫切想要救死扶伤的同情心，也要在特定条件下保持头脑清醒，有条不紊地进行我们常人来不及做的思考。

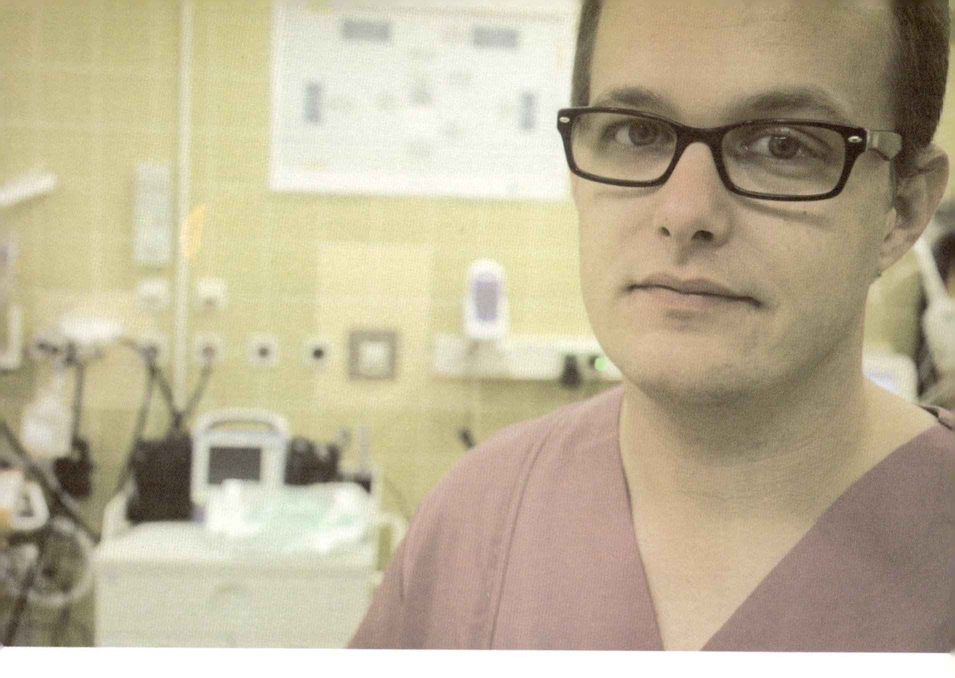

克里斯蒂安隶属德国红十字协会明斯特区分会，不过他现在正处于任务轮休状态。今天，他来到位于柏林的协会总部，参加与华盛顿应急反应队（Emergency Response Team）一道成立的紧急联席会议。他坐在一个异常空旷的房间里，对着一张古朴的红色沙发和几架从宜家买来的空书架，桌上的杯子里装有咖啡，谈论着抢救和死亡、贫穷和暴力、混乱与战争的问题。在整个采访过程中，虽然话语里时刻夹杂着对苦难的同情，但他始终严谨入微，惜字如金，甚至有些太过严肃。这也不难理解，毕竟如果你在对话中总是提到“天启四骑士”[1]，你的话语就不会用任何热情洋溢的辞藻加以修饰了。

以克里斯蒂安的话来说，他之所以能够缓慢思考，一部分属于天性使然，归根于自己“相对平静”的性格。还有一部分原因在于他所接受的培训，对那些想要更好处理危机的人来说，这可谓良有裨益。

“15年前，当我还跟在其他医护人员身后实习时，就已经开始朝着这个目标努力。”他停下来喝了口咖啡，接着说道，“我在处理事情时，所有实践经历的点点滴滴都有助于我的能力派上用场。”

克里斯蒂安在18岁时开始为德国红十字会（其职责是为德国各地提供社会福利以及应急服务）做志愿工作，这在当时也是规避义务兵役的一个选择。

“我不想参军。”他说，“因为我觉得比起拿起武器干坏事来说，我更愿意通过自己的努力做些有意义

1　源于《圣经》，描述的是在世界终结给予全人类最终审判之时，由羔羊解开书卷七封印，召唤来分别骑着白、红、黑、绿四匹马的骑士，将战争、饥荒、瘟疫和死亡带给接受最终审判的人类。——译者注

的好事。这个信念在我小时候就已形成，那时我的小伙伴们就喜欢用塑料枪玩警察捉小偷游戏，而我却不喜欢这种游戏。”

拿到社会科学学士学位后，刚刚毕业的克里斯蒂安却不愿意去找一份职员工作，因此，他参与了全职医护培训项目，由此进入儿科护理领域。这种转变听起来十分新奇。克里斯蒂安说：“当你还处于医疗实习阶段，一想到要负责护理许多幼儿及新生儿，就会担心这担心那。而我就会不停地想，‘希望我不需要做这些事情’。”面对焦虑和难题，克里斯蒂安仅仅只是选择学习如何去应对，这点十分耐人寻味。他说：“在这种十分紧急的情况下，我就更需要让自己安下心来。”三年过后，在他24岁生日之前，克里斯蒂安开始在新生儿加护病房工作。

接着，他开始对新生儿加护病房这一发达国家强度最高的医护环境侃侃而谈。在他看来，这种照料500克至600克早产儿的任务，既体现在医护人员的感性层面，又体现在精细入微的技术层面；在这里，你能够近距离感受到积极因素和消极因素之间如何此消彼长，欢乐时刻带给人一浪高过一浪的狂喜，悲伤时刻让人陷入难以自拔的困境之中；感受自己如何成为婴儿父母的希望或恐惧；感受到胜任这门工作所要求的心理适应能力，既来自于处变不惊的性情，又源于熟能生巧的实践。

“必须学会保护自己，或者学会寻求保护。”他一边说一边用手指在桌上比画着，好似在画图，“要时常自我反思，而且必须学会和别人一起分享或是探讨这些反思，不能想当然，也不能忽视。因此，有时需要从工作中停下来，有时是几分钟，有时是几小时，有必要的话，花上几天都不为过。好在我们总有些短假，能够抽抽烟，喝喝咖啡，或者看看报纸，总之让人们暂时从紧张的工作环境中解脱出来。如果仍然被这种紧张情境弄得不能自已的话，就应当延长假期，让同僚们为我们代班，以便从这种阴霾的情绪中走出来。这些都是我的经验之谈。”

虽然看似有些不相关，但克里斯蒂安的此番话语实际上却与“高度可靠”的模型如出一辙。对他来说，这给他上了一堂有关处理心理风险的课程，使得

DEUTSCHES
ROTES KREUZ

他能够在混乱不堪且不容许任何情感抗拒的环境下应对自如。在完成了医院的日常工作后，克里斯蒂安会着手进行国际红十字委员会（ICRC）的各式项目，其中包括灾难防范、水源净化、灾害卫生防疫、安全培训等。他的第一次委派经历是2008年津巴布韦暴发的霍乱疫情。用他的话来说，那次经历“十分有趣”、“极具吸引力”，而且“非常特殊”。在他回国3个月之后，也就是2009年初，克里斯蒂安接到了一通电话，而他的生活也随之发生了巨大转变。

那次，需要他以儿科护师的身份，前往阿富汗为ICRC援建医院，地点是坎大哈市的米尔维斯医院，不过这次应急任务为期6个月，而不是通常的6周。

“所以略一思量。”他说，“然后我就回答，‘我去，为什么不去呢？’”

克里斯蒂安接种了疫苗，接受了安全防范课程培训，在几个月后，就来到了阿富汗南部，这里酷暑难耐，整个国家激战正酣。他以前从未到过战地，在这里，他头一分钟还在处理阿富汗警员的伤情，后一分钟可能就要去照料塔利班分子的女儿。也就是在这种危机四伏的环境里，克里斯蒂安很快就学会了一套独特的方法来抵消风险，即穿戴那些被他称为“保护标志”的红十字标识。他指了指套在座椅后头的马甲上的红十字标识：“只要你时刻穿着这身衣服，把红十字的标识挂在你的汽车上、印在你的T恤上甚至是你的帽子上。这样你就不会被人盯上。所有人都巴望着红十字或是红新月（阿拉伯地区的红十字会）能在这炮火连天的城市里执行那些非常危险的任务。”

为了应对这一情况，ICRC特别设有一套安全行为规范，拿克里斯蒂安的话来说，就是不要“在错误的时间内出现在错误的地点”。这套规范并不是规定工作人员穿上防弹衣或是头戴钢盔那么简单，实际上，它要求工作人员不要离开医院半步，就是从医院步行500米到居民区也是不允许的；不能去购物中心或是商场，每次出行都必须在身上贴红十字旗帜，前期必须谨慎规划，还要让冲突双方对出行计划绝对知情，与双方保持密切的日常联系。不过，这只能提供给你一种安全措施。

“一开始，在阿富汗的经历只有‘恐惧’一词可以形容。”克里斯蒂安说，“你会听到5公里之外的爆炸声，然后你就知道，‘好吧，一刻钟之内又会有10名伤者被运送过来’。数周过去之后，巨大的爆炸声、AK-47的枪响声都变得稀松平常，让人见怪不怪了。也许，两三百米之外的爆炸或是30余名受伤者的到来才算得上是意料之外的大事。当然，接着会有一系列让人紧张的情况发生。我的同事会说，从外表来看，我表现得相当镇静，但是从内在来看——”克里斯蒂安一边若有所思地搓着手心一边继续说，“我只不过是善于隐藏情绪，把精力集中在医疗护理上面，这个过程就好像是穿过一条隧道一样。”

克里斯蒂安对自己工作时的心理描述惜字如金，不过有关他是如何在坎大哈这样战火纷飞的危险情境中平衡风险的经验，经历过最困难的局面又是什么，他那份处事低调、镇定自若的态度胜过了千言万语。他没有说爆炸，没有说交火，也没有说叛乱分子的威胁，他仅仅只是讲述了战争现实的残酷。

克里斯蒂安曾两度被派遣至阿富汗，每次为期6个月。在第一次派遣期内，有个大约两三岁的男孩时常到米尔维斯医院看病。他得的是脑积水，却负担不起昂贵的分流手术；这种手术要放在欧洲，花销根本不值一提。但是，这个名叫雅各布的男孩却不得不每四个星期来接受治疗。克里斯蒂安说，他刚到坎大哈时就认识了雅各布，“这个孩子非常懂礼貌，漂亮，聪明，但是脑袋肿得特别特别大”。不过在大约5个月之后，雅各布的家人又将他送到了医院，然后便失踪了。

“他们抛弃了雅各布。”克里斯蒂安说，“他们不辞而别。”

沉默良久以后，克里斯蒂安深吸了一口气，接着说道：“因此，从技术角度来说，我们处境十分艰难，毕竟还有许多其他孩子需要照顾，而我们的资源又十分有限。然而，从情感角度来说，我们的确是沮丧到了极点。在这个战争地带，没有任何机构收留这些孩子。只能把他送到别人家去，但是没人要他。因此我们只好把他留在了医院。”

雅各布在克里斯蒂安于2010年5月底离开坎大哈时就留在了医院。等到克里斯蒂安于当年9月回来开始第二个派遣任期时，雅各布仍旧还在医院里。

“他就好像成了儿童病房的一部分，不过在2011年年中的时候，由于病情恶化，他去世了。抛弃一个孩子，这真是……”克里斯蒂安久久地凝视着我，没有说完。

“从实际的角度出发，我能够理解其中的部分缘由，但是……”克里斯蒂安再一次欲言又止，然后微微地摇了摇头，“这就是战争。”

接着他挪了挪自己的办公室座椅说：“我们能不能休息三分钟，抽支烟？”

***

有人认为，当今涉及伦理的哲学讨论非但没有从现实角度解答有关风险的问题，反而运用狭隘而又异想天开的视角，来解析诸如列车失控时是救一个人还是救六个人这样的伦理困境，要么就是幻想能够提供一个快乐永不消退、痛苦永不出现的理想世界。

一旦回归现实，我们都生活在充满了或大或小的未知当中，而风险也并不是在二元选择过后就展露无遗了，我们同未来之间关系微妙，既满载着希望，又充斥着恐惧。我们的危机意识和应对危机时的足智多谋（如同本书中所展现出的例子）都铸就了我们的内在品质。这是天性使然。如果我们能够以不同的方式，意识到人类并非是为了掌控风险而活，而是为了懂得与风险共存还要活得精彩，我们也许就能够在处理风险时变得更富有智慧了。

所以，也许经典的伦理思想更为适用。卢修斯·阿奈乌斯·塞内卡（Lucius Annaeus Seneca）曾写道："相信命运的人，命运领着走；不相信命运的人，命运拖着走。"再如，亚里士多德曾经这样定义过"eudaimonia"（幸福或繁荣）一词："它表示着对外在美好事物的需求。"换而言之，美好的人生不仅与各式各样的风险相伴相生，实际上后者也在一定程度上造就了前者。

还有什么比克里斯蒂安的例子更加贴切地诠释了这一观点的呢？2014年11月，休整了5个月的克里斯蒂安将加入红十字组织，一同对抗被世界卫生组织称作是"现代最紧张、最严重的突发性卫生问题"——西非的埃博拉疫情。

***

克里斯蒂安正驾车穿过柏林市区，前往机场附近的一处大型仓库，那里是所有德国红十字委派任务的后勤集散中心。他座椅上的安全带绑得十分紧，车上的导航系统也会在他轻松地在红十字总部门前的林荫道上倒车并出发时准备就绪。眼前的一切令人禁不住想，这一切真是让人备感安全。

到了仓库下车一看，满眼都是井然有序、整装待发的景象。差不多和天花板一样高的货架上摆满了帐篷、毛毯、黄色大型发电机和大型风扇。还有手术用具、电动工具、标识有“水源净化”字样的木箱、三角支架上细而长的气球灯、灰色的塑料卫浴用品、白色的塑料脸盆和石碳酸皂都已经准备就绪。仓库后头停了数十辆吉普车和卡车，还有几辆货车和救护车。据克里斯蒂安说，这儿的物资足够装备五到六个应急反应单位，每个单位都配有一个大型野外医院、大本营、水源净化设施以及数个小型医疗诊所。

整个仓库再清楚不过地诠释了人们与风险之间的关系，也就是未雨绸缪，事先对最糟糕的情况有所准备，面对危机时有一套应对方案。另一方面则体现了风险面前的众生相，也就是克里斯蒂安先前提到雅各布之后所说的那番话。

“在德国，”他说，“我们竭尽可能地为每个个体着想，这在很大程度上要归功于我们强大的资源保障，但是在阿富汗，你得精打细算地利用好有限的资源，尽可能照顾好大多数人。在欧洲，很少听闻一个孩子会在医院去世，但是在阿富汗，就在我们的病房，每天都会有孩子死去。起初，我花了几周才适应了这一现实。但是，一旦你接受它以后，你眼中看到的就不仅仅是每天死去的两三个病患，而会更加欣慰地发现，还有147名病患正在你的帮助之下日渐康复，而当地员工，也就是我的阿富汗同僚们，早就对此习以为常了。因此，看问题的角度就发生了转变。我认为，你应当接受这个现实，有些事情是不会因你而改变的。”接着，克里斯蒂安稍稍前倾，把咖啡杯放在一边，意味深长地阐述着自己的核心论点：“而我则试着把注意力放在能够改变的事情上，也就是能够实现的善举上。因为这才是你能够为之寄托希望的事情，对吧？”

结语

洞悉风险

阿兰·德波顿
（Alain de Botton）

本书旨在让读者弄懂到底是什么让我们变得谨小慎微，并尝试在草率鲁莽和怯懦恐惧之间找到一条中庸之道。

这本书可谓是应时而生，因为此时此刻，我们正在淡忘人类一次次机智地冒险，实际上是推动人类前行的动力。人们健忘的程度远远高于过去任何一个时期。这听起来有些违背常理，我们之所以健忘，是因为当今的世界格外安全，科技格外发达，人民格外富裕，因此我们的冒险基因开始颓废、渐趋式微，这让我们濒临颓废的危险漩涡之中，遗忘了如何保住优势的能力——由此错失了许多良机。处于安全港中不能自拔的一代迎来了新的威胁：凡事以安全为先，置其他所有优势于不顾。

因此，在安联投资（Allianz Global Investors）和人生学校（The School of Life）的创新型合作关系之下，邀请身为作家兼电影制片人的波莉·莫兰（Polly Morland）作为“常驻作家”（与其说是让作者一直留在某个特定地区写作，倒不如说是让其定位在某种理念或是概念之下进行写作），执笔写成此书。

在写作过程中，莫兰对以下问题展开了探讨研究：既然这个世界不可避免地有各式各样的风险，如何才能机智地应对这些风险呢？

我们都是社会型生物，当我们觉得某种程度的风险可能是“正常的”和可接受的，我们就会四处求助。这是本书所提到的第一个好方法。莫兰没有在本书中涉及诸如尼亚拉加大瀑布潜水者、横穿英吉利海峡的游泳者、太空探险者或是野心勃勃的企业家之类的内容。因为，这些名声赫赫的冒险家所承受的风险可能会让我们望而兴叹，使我们产生一种要么选择极度谨慎，要么选择鲁莽蛮干的错觉。然而，实际情况并非如此；现实生活中的你我皆为凡夫俗子，似乎只会承担最小的风险，但事实上却相当于跨出了自我提升的重要一步。也许，他们会稍稍有意识地让孩子单独玩耍（如第一章中的内容），也许他们生活在世界上某个危险的角落（如第二章中的内容），再或者他们的工作会比常人多一份责任（如第五章中的内容）。

莫兰以尼采的话语，建议“将你的城市建在维苏威火山的山坡上”！首先，尼采发现欧洲资产阶级早在19世纪就普遍淡化了风险意识——这也让他自己感到十分苦恼，因此他开始从古希腊和古罗马先哲那里汲取灵感，毕竟这些至圣先师们将人文主义推动到了一千年都难以逾越的高度。接着，尼采在他那充满激情又振奋人心的散文里，满怀深情地讲述了对风险的领悟以及对人性回归的呼唤：

“请你仔细研究研究这世间最优秀、最硕果累累的人吧，然后问问你自己，一棵树要想傲立于林，是否可以不受狂风暴雨的洗礼？是否不幸与外在阻力相抗衡……最终都成了有利条件，造就了原本希望渺茫的壮举？如果，得意与失意是一对孪生兄弟，那么想要收获其中一个，就不得不接受另外一个……因此，你有两个选择：要么尽可能少些失意，过一个大体上没有痛苦的人生……要么尽可能多地接受人生的不如意，以便日后尝到之前从未尝到的快乐与得意。如果你选择了前者，想要尽可能少经历人世间的痛苦，那么你就同样损失了经历人世间快乐的机会。”

的确，最能实现人类热血抱负的事情似乎与某种程度的危险和折磨血肉相连，不可分割；人类的欢乐源泉尴尬地与人类所面临的挑战密不可分。我们必须克服所谓凡事要么得来全不费工夫，要么不得也罢的心态，这种心态影响恶劣，可能会让我们在挑战面前临阵脱逃，须知但凡有价值的事物都要求我们为之做出牺牲。

那么，我们如何智慧地应对风险呢？有句话似乎可以成为本书的一个副标题，这句话也值得我们单独陈述于此：凡人皆有一死。只有不断提醒我们自己：终极危险早已写入了生命契约，这样我们才不至于把自己的安危看得太重。我们应该把自己从一种毫无用处的思想中解脱出来，因为在这种思想中，我们竟认为我们可以通过不断揣摩风险，进而实现永远的安全。实际上，唯一真正的危险在于遗憾，是到了最后一刻后悔自己的人生还没有冒足够多的风险。如果我们中有更多的人前往敬老院，并询问老人们“你最遗憾的是没有尝试过哪件事情？”这将有助于我们对风险的认识。因为，你所收到的答复可能会让你心生恐惧，恐惧到你会立马展开行动，还有什么比在风华正茂的美好岁月里，没能写完一部小说、没能亲吻到一个人或者没能成就一番事业，更让人感到可怕呢？因此，我们会在商业学院或是企业培训中经常做这些前瞻性思考，人们会要求我们展望一下自己临死前或是葬礼时的情景，由此从这个角度出发，思索人生的意义所在。取悦我们的朋友和熟人并竭力维持波澜不惊的人生，真的有那么重要吗？为什么一个人会丧失追随直觉的勇气呢？

在中世纪，商人的家中时常挂有类似头骨的死亡象征物，这在当时是一种再普通不过的室内装潢，它没准会出现在你的书桌上，其目的倒不是提醒你一切都是过眼烟云，而是勾起你对人生大事轻重缓急的思考。这种生动形象的提示物让我们对安全的迷恋变得微不足道。当我们用有限的人生作为参照物，很多顾虑就会愈发显得无关痛痒了，我们也就能放下自负与轻浮，变得更加真诚与笃定了。

倘若人生当真脆弱不堪，倘若我们的确不能保证是否还能再活十年，我们就不会把一下午的时间都花在与挚爱之人为了某个朋友的琐碎过失而争辩不休上了，也不会为了某个朋友该不该抛弃自身天赋转而勉强混个闲差事而吵架拌嘴了。只要一想到人生旅途的终点，我们就获得了动力来重新调整事物的优先主次，重新找到自己最具价值的闪光点，告别那个被日常琐事束缚住手脚的自我。如果看到了真正值得我们恐惧的事，我们也许会害怕，但之后我们会以一种我们所认为的合适的方式生活下去。

有一位哲学家比任何人都更了解这种情形，他能帮我们应对由风险所带来的恐惧，他就是马丁·海德格尔。他认为，我们之所以很少冒险，原因在于我们没有充分地为自己而活。与此相反，我们向一个社会化、美化、肤浅化的“他我”（与“自我”对立）缴械投降。而我们所遵循的报纸上、电视里和大城市中的“流言蜚语”（谈话类节目）都是海德格尔所痛恨的。

大概只有“向死而生”（Sein-zum-Tode），能够帮助我们摆脱“他我”的状态了。只有当我们意识到其他人不能将我们从死亡当中解救出来，我们才有可能不再为他们而活，不再在意他人的看法，也不再花大把大把的时间和精力去讨好那些本就不喜欢我们的人。对“死后身外无一物”感到“焦虑”，虽然让人感到不舒服，却能拯救我们：我们“向死而生”的态度实际上是一条路，通往一个更为真实的人生。在1961年的一次演讲中，有人问海德格尔，怎样才能让我们恢复本真，并且充实地生活下去，他的回答言简意赅——多花点时间为自己“入土”之前多做些打算吧。

莫兰这本书一大引人入胜之处在于，他发现人们承担风险的“胃口”最终取决于一件事——他们是否愿意相信某件事的意义超越了他们自己，笃信的程度又有多大。大冒险家之所以敢于承担风险，就在于他们是为生活而生活，并且拥有一系列重视的人生目标，重视的程度超越了安全所能带来的传统好处（比如长寿、金钱和舒适感）。从这一角度出发，一位为艺术冒险的年轻作家并不是“逞英雄”——他的脑海中压根儿就不会闪过这种想法；他只不过是钟爱文学，让这份热情主导了自己的选择罢了。同样，一位大厨为了开饭馆而抵押了自己的房子，并不是不知道安全所能够带来的好处；他只是更加喜爱烹饪这门艺术罢了。而那些冲入危险境地拯救自己孩子的家长，他们也不想死，只是想让另一个人（孩子）能够活下去罢了。

这就引出了一个令人难以接受的新想法：也许，人们的冒险越来越少，是因为我们所笃信的人生目标越来越少。我们不再愿意为了信仰或国家而牺牲自己。我们认为，为了一个虚无缥缈的“青史留名”而赌上一切，这样的冒险十分危险的。不过，这并不能对所有的情况一概而论，因为这世间一定还保有哲学家所说的“先验主义目标”（transcendental goals），也就是重要性超过我们每个个体的事物。拥有安全感固然是件好事，但还有比其更重要的事物，有些时候甚至超过我们自己的生命：例如孩子、家庭、使命和团体的福祉。如果一个人能够真正找到自己的使命，不管如何艰难，他都会义无反顾。也就是在这个时间节点上，自我牺牲不再令人毛骨悚然。本书所要传递的信息也在此得以彰显：当一个人发掘到真切的信仰之后，为信仰冒再多风险都不再是冒险。它将成为一个人必须要做的事情。

每个人对自己的未来生活抱有不同的愿景，只要这种生活不会让他们日后抱憾此生，就无可厚非。也许，有人想要离开自己的经营伙伴，邀请一位朋友出去约会，开办一家新企业，或者将自己的财产押在某项科学研发当中。答案千变万化，不过人们所经历的恐惧却是万变不离其宗的。海德格尔早就知道，我们不应当在舒适的家中思考今后要做些什么，我们也不应当在安逸的情形中权衡风险。我们应该从人生尽头向前回溯自己的人生。从这个论点来看，一切都变得更加明朗了——风险所带来的收益更加赤裸裸地展现在我们面前，而我们也能够更加容易地在心底召唤出雄心壮志和无私奉献的勇气。

后记

我们每个人都是冒险家

为什么一个投资经理会去出资支持一本有关风险的书，而这本书所提到的风险却又只是来自于日常生活，跟金融领域毫不相干呢？

应对风险——根据客户需求管控风险——是一名投资经理的本职工作。风险本身并无好坏之分，仅仅只是一个概率性的问题而已，也就是出现或正面或负面的结果的可能性。照理来说，一个职业投资者每天都在资本市场冒风险，是增持，还是减仓，抑或是按兵不动？一个成功的投资经理一定是个成功的冒险家，一个始终拥有优秀决断力的人。

不过，风险并不局限于财经界；一个毫无风险的社会或经济体，让人无法想象。不管有意还是无意，人们每天都会面临风险。但是，“风险”一词却在使用时承载了过多负面的弦外之音。的确，当谈到风险，我们联想到的是焦虑、危险，甚至恐惧。结果就是我们养成了规避风险的习惯，而这有可能对我们的决断力产生损害，不仅有碍于我们个人的行为，还有可能侵蚀我们的制度和社会，影响大众舆情。

对风险的研究并不是一件新鲜事。对于人类是如何面对风险和未知这一课题，社会学、心理学甚至行为金融学都做出过精湛的回答。不过有些时候，纯概念式的方法也许会让人们觉得远离了日常的生活经历。

为了探寻如何帮助人们从心智和情感两个方面重新认识风险，安联投资开始与人生学校展开合作。我们邀请波莉·莫兰担当常驻作者一职，说其“常驻”倒不是指物理上的空间概念，而是日常生活中风险与回报领域中的空间概念。此次合作的成果就是这一系列的亲历故事，它们也许将有助于我们以一个多元而崭新的视角，重新反思风险的本质，并探讨什么才是真正的风险智慧。阅读此书是一次激发灵感的经历，它提醒我们，如果能够学会与风险并肩而行，结果将是何等的正面而鼓舞人心啊！

我们每个人都是冒险者，当我们学会如何打磨并信任自己的判断力时，我们就有能力更加智慧地直面风险。

我们希望此书能够开启广泛的社会讨论，为风险在生活中的意义及作用这一话题抛砖引玉。

伊丽莎白·科里、文焯彦

安联投资联席董事

致谢

我要向许多人表示感谢，是他们的帮助使得本书得以问世。首先，我想向那些故事中的主人翁表示感谢，感谢他们愿意抽出时间，感谢他们的正直诚实和独到见解。最近几个月与他们相伴的经历，对我来说是一份殊荣和享受；正如我跟摄影师理查德·贝克（Richard Baker）一同工作、旅行的经历一样。

请让我诚挚地向 Profile Book 出版社团队表示谢意，他们包括安德鲁·富兰克林、保罗·福笛、皮特·戴尔、斯蒂夫·潘顿、安娜·玛丽·菲茨杰拉德、奥卢·乌巴戴克、伊恩·帕顿以及我那才华横溢的编辑克拉尔·格里斯特·泰勒；对人生学校，我要向最初邀请我加入进来的艾文·霍尔丹以及为此书写下精美结语的阿兰·德波顿表示感谢。我要特地向安联投资的马克·萨瓦尼、约翰·华莱士、伊丽莎白·科里以及文焯彦致以谢意，我深深地受惠于他们对该项目的支持，也为他们在这个令人心驰神往的项目上给予我的莫大自由表示感谢。

我还想感谢如下诸位，他们或参与到了编写工作，或实在地给予了我帮助，无论他们身处何方：戴娜·博尔纳、马里昂·科尔、纳丁·德·奥斯丁、肯特·迪亚波特、桑德拉·唐、露西·爱德华、蒂姆·吉尔、路易斯·哈里斯、约翰·哈珀、凯瑟琳·杰克曼、科林·肯尼迪、塔妮娅·科特洛兹、大卫·莱西尼、威尔·朗格、帕特里克·马克格哈恩、凯丽·麦基、弗拉维亚·玛尼尼、弗朗塞斯卡·马拉斯卡尔齐、艾玛·佩里、凯斯·普利斯克、詹姆士·朗德尔、萨拉·朗德尔、妮娜·舍贝尔、卡丽娜·萧、德里亚·沙姆韦、安妮·斯密斯、伯纳德·施皮格尔、爱德华·桑顿、詹姆士·沃克尔、海伦·华莱士、帕特里克·沃尔什、凯蒂·惠兰和凯文·惠兰等。

还要感谢亨利，他一如既往地阅读了我的文稿，并提出了建设性的意见；而山姆、米洛和弗雷德则在我书房窗外的树上建造了一个高高的阁楼，激发着我对风险智慧的灵感。

波莉·莫兰

延伸阅读

接下来要谈到的不是有关冒险的阅读书目，那需要费很多笔墨去详述。本书只是给出一些选择，为读者提供启发或引导，那些迫切想阅读有关知识的读者可能会对书里提到的一些观点感兴趣。

Nicomachean Ethics，Aristotle，translated by J. A. K.Thomson（Penguin，2004）

'Europe's ticking time bomb'，Katherine Barnes（*Nature473，2011*）

Risk Society：Towards a New Modernity，Ulrich Beck（Sage，1992）

The Norm Chronicles，Michael Blastland and David

Spiegelhalter(Profile Books, 2013)

The Consolations of Philosophy, Alain de Botton (Penguin, 2000)

Risk: A Very Short Introduction, Baruch Fischhoff and John Kadvany(Oxford University Press, 2011)

Extremely Loud and Incredibly Close, Jonathan Safran Foer(Penguin, 2006)

Virtues and Vices and Other Essays in Moral Philosophy, Philippa Foot(Clarendon Press, 2002)

Runaway World, Anthony Giddens(Profile Books, 2002)BBC Reith Lectures, Lecture 2, Hong Kong, 1999, Anthony Giddens

No Fear: Growing Up in a Risk Averse Society, Tim Gill(Calouste Gulbenkian Foundation, 2007)

'The median isn't the message', Stephen Jay Gould(*Discover*, June 1985)

The Swerve: How the Renaissance Began, Stephen Greenblatt(Vintage, 2012)

*The Ethics of Risk: Ethical Analysis in an Uncertain

World, Sven Ove Hansson (Palgrave Macmillan, 2013)

The Odyssey, Homer, translated by E. V. Rieu (Penguin, 2003)

Evolutionary Playwork, Bob Hughes (Routledge, 2011)

Is Life Worth Living?, William James, 1895 (can be read online at https://archive.org/details/islifeworthlivin00jameuoft)

Thinking, Fast and Slow, Daniel Kahneman (Penguin, 2011)

The Nature of Things, Lucretius, translated by Alicia Stallings (Penguin, 2007)

After Virtue, Alasdair MacIntyre (Bloomsbury, 2007)

The Gay Science, Friedrich Nietzsche, translated by Walter Kaufmann (Random House, 1991)

The Fragility of Goodness: Luck and Ethics in Greek Tragedy and Philosophy, Martha C. Nussbaum (Cambridge University Press, 2001)

Normal Accidents: Living with High Risk Technologies, Charles Perrow (Basic Books, 1984)

The Letters of the Younger Pliny, translated by Betty Radice (Penguin, 2003)

Ethical Theory: An Anthology, ed. Russ Shafer-Landau (Wiley-Blackwell, 2012)

On Providence, Seneca, translated by Aubrey Stewart, 1900, pdf http: //en.wikisource.org/wiki/Of_Providence

The Black Swan: The Impact of the Highly Improbable, Nassim Nicholas Taleb (Penguin, 2008)

The Philosophical Dictionary, Voltaire, translated by H. I.Woolf (Knopf, New York, 1924)

Candide, or Optimism, Voltaire, translated by Theo Cuffe (Penguin, 2006)

'A domain-specific risk-attitude scale: measuring risk perceptions and risk behaviours', E. U. Weber, A-R. Blais and N. Betz (*J. Behav. Dec. Making* 15, 2002)

'A Domain-specific Risk-taking (DOSPERT)

scale for adult populations', A–R. Blais and E. U. Weber (*Judgement and Decision Making 1*, 2006)

'The self–designing high–reliability organization: aircraft carrier flight operations at sea', G. I. Rochlin, T. R. La Porte and K. H. Roberts (*Naval College Review*, *1987*)

'Collective mind in organisations: heedful interrelating on flight decks', K. E. Weick and K. H. Roberts (*Administrative Science Quarterly*, *1993*)

http://understandinguncertainty.org/ is produced by the Winton Programme for the Public Understanding of Risk, based at the Statistical Laboratory, University of Cambridge.

The Aid Worker Security Database is a project of Humanitarian Outcomes and can be found at https://aidworkersecurity.org/

The German Red Cross can be found at http://www.drk.de/and the International Red Cross at http://www.icrc.org/eng/